酱香之魂 第一部

——历久弥香酒更浓

陈孟强◎主编

 中国商业出版社

图书在版编目（CIP）数据

酱香之魂：历久弥香酒更浓.第一部 / 陈孟强主编.
-- 北京：中国商业出版社，2020.10

ISBN 978-7-5208-1261-0

Ⅰ.①酱… Ⅱ.①陈… Ⅲ.①酱香型白酒—酒文化—
中国—文集 Ⅳ.① TS971.22-53

中国版本图书馆 CIP 数据核字 (2020) 第 172515 号

责任编辑：侯　静　杜　辉

中国商业出版社出版发行

（100053 北京广安门内报国寺 1 号）

010-63180647　www.c-cbook.com

新华书店经销

三河市国新印装有限公司印刷

*

710 毫米 ×1000 毫米　16 开　16.5 印张　280 千字

2020 年 10 月第 1 版　2020 年 10 月第 1 次印刷

定价：68.00 元

* * * *

（如有印装质量问题可更换）

自序：以酒为海文作楫

如果说，酒是粮食的精华，那文字就是艺术的灵魂。因而说，《酱香之魂——历久弥香酒更浓》所收录的文章，既是生命食粮，更是精神食粮。

"酒如人生"这个词用在我身上再合适不过了，有酸甜苦辣，当然更多的是收获和喜悦。可以说，我这一生与酒结下了不解之缘——出生在国酒茅台的故乡，闻着茅台镇空气中的酒香长大；大学毕业前后都在茅台酒厂工作，从车间一步一个脚印做起，一干就是几十年，先后从事酒的生产和科研基础及领导工作；从2009年开始，又担任珍酒公司董事长和总工程师……

自古以来，美酒和文字都是密不可分的，"举杯邀明月，对影成三人""借问酒家何处有，牧童遥指杏花村""风来隔壁三家醉，雨后开瓶十里香"等诗句，让人读后宛如畅游在多彩的画卷中，美不胜收。我喜欢酒，也喜欢写作：为茅台酒而写，为珍酒而写，为爱酒的自己而写。

几十年来，我漫步在白酒的海洋中，翱翔在文字的天空中，感觉工作充满了激情、生活充满了阳光。因此，这本书的大部分内容是我过去多年文字创作的集结，还有一些也是与茅台酒、珍酒的成长和发展有关的文章。从文章内容来看，有一些是酒的生产管理总结和工作计划，还有一些则是管理酒厂的心得体会，以及与酒有关的学术论文、科研成果。此次将这些文章严格筛选后整理出版，既可以作为茅台酒厂和珍酒厂发展的见证，也是对我"酒中漫步"人生的阶段总结。

《酱香之魂——历久弥香酒更浓》根据时间、内容和题材的不同，分为第一部和第二部，每一部又细分为两个部分，分别是《茅台的前进之路》《酱香酒的酿造和科研》和《生产茅台酒》《珍酒继往开来》。为了便于读者阅读，

我采用了"归类法"来统筹编辑这套图书。当然，这样的安排方法，也是与我"酒中漫步"几十年的时间脉络相一致的。

在第一部的第一部分，主要集中了与茅台有关的各类重要文章，如《茅台酒酿造的发展历史》《跨越神话茅台情——关于季克良和茅台酒厂集团公司的畅想》等。在第一部的第二部分，主要讲酱香酒的特质以及相关的科研和生产应用，这些偏重学术性的内容，既取自于茅台研究，也取自于珍酒等酱香酒的研究，如《酱香白酒酒醅中产香酵母分离与鉴定》等。

珍酒与茅台是一脉相传、同根同源的，彼此密不可分，同时也都是酱香酒的领军品牌、贵州白酒的佼佼者。第二部的第三部分，主要收录了与生产茅台酒有关的文献和文章，如《贵州茅台800吨/年工程竣工验收报告》等；第二部的第四部分，全部都是写珍酒，这当然与我在珍酒厂关键的复兴时期担任董事长和总工程师有关，因为振兴"异地茅台"——珍酒，既是党和国家领导人的夙愿，也是我这个"茅台元老"义不容辞的责任。

希望本书的集结出版，能对贵州乃至全国的白酒行业高质量发展提供一些指导和帮助，也能为研究酱香酒和白酒行业的同人提供第一手资料。因时间紧迫，书中难免有不足之处，敬请读者批评指正。

是为序！

陈孟强

2019 年 11 月 20 日

序一：

不忘初心路，酿得黔酒香

　　近日，中国白酒界前辈陈孟强先生打电话给我，嘱托我给他最新编著的《酱香之魂——历久弥香酒更浓》一书写个序。作为多年的至交和同行老师，孟强先生不仅酒酿得好、企业管理得好，文章也写得棒，这在业界都是有口皆碑的。所以说，能给他编著的这本书作序，我既欣喜，又忐忑。欣喜的是，他将这么重要的事情交付于我，是对我的抬举和信任；而忐忑的是，由于才疏学浅，生怕写得不好。

　　《酱香之魂——历久弥香酒更浓》这本书分第一部和第二部两册，内容非常丰富，既有他自己写的各类文章，也有他参与的各类研究和实践；既有与茅台、珍酒有关的各类文献，也有书写他不凡人生的通讯报道……个人感觉，如果把书中各篇文章比喻为珍珠，那"酒"就是串联起这些珍珠的线。读罢全书，感觉这本著作堪称是集政治性、新闻性、艺术性、科技性、历史性、典籍性、资料性于一体的，是一本研究陈孟强先生、研究贵州茅台和珍酒、研究贵州白酒发展的百科全书。

　　记得上一次读到孟强先生的著作是2012年出版的《酒道，喝酒那些事儿》，那本书重点是从全国性、历史性、社会性、趣味性等方面对中国酒文化进行梳理和介绍。而今天《酱香之魂——历久弥香酒更浓》这本书，可以说是孟强先生的"自传"。因为，有很大一部分文章是关于他酿酒生涯的介绍，不

仅有他对茅台酒和珍酒的贡献和作为，更有他对管理和科技的创新和认知。

文章开篇是《陈孟强：四十年悠悠茅台情》，作者孙汝祥、王敬图从孟强先生如何结缘茅台、建设茅台、创新茅台、奉献茅台作了详细的介绍，也道出了他"我只是一名小人物，茅台的一分子"的低调人生、崇高品格。《打造世界酱香白酒产业基地核心区》等几篇文章，则是仁怀市、遵义市和贵州省三级行政机构为推进白酒发展出台的相关文件，具有很强的史料价值。

著作的第一部分主题为"茅台的前进之路"，是通过不同的视角、文章、论述来介绍茅台酒酿造的历史、文献、工艺、记载、荣誉、创新、发展和规划的。其中，孟强先生等创作的通讯《竞争是人生永恒的主题——记茅台酒厂集团公司董事长季克良》《跨越神话茅台情——关于季克良和茅台酒厂集团公司的畅想》两篇文章，详细介绍了季克良先生与茅台共同成长的点点滴滴，特别是他在无数艰难环境中展现出的工匠精神、拼搏干劲、创新精神和管理智慧。

《用茅台文化成就自我——记茅台技术开发公司党委书记陈孟强》一文，则追溯和还原了陈孟强从事茅台酒酿造与研究的30多年里，如何从制酒班班长到茅台技术开发公司党委书记的历程，以及他在技术创新、管理优化、文化升级、销售突围等方面的尝试和成就。《茅台酒厂六四、六五年周期生产初步安排意见》等属于茅台酒厂发展历程中非常宝贵的历史文献，对研究茅台历史、人文、技术、管理有非常重要的意义。

《质量求生存，创新求发展，管理增效益》一文主要介绍了茅台酒厂如何夯实质量基础、完善质量体系、推动质量科技、创造名牌效益、健全销服网络等内容。季克良先生写的《为了完成伟人的重托》等文章，体现了他的民族担当和强烈使命感。孟强先生创作的《市场经济条件下企业思想政治工作的思路》《国酒品牌创新与战略管理》《强化企业管理，实施品牌战略，创国酒辉煌》三文，前一文研究成果成了许多企业思政工作的指导蓝本；后两文从茅台的品牌形成、品牌成长、品牌管理、品牌保护、名牌带动、品牌扩张、品牌效益、品牌战略等方面介绍了茅台的"品牌之路"。

孟强先生的《搞好科技进步，促进企业发展》用真实案例和实际体验阐述了科技在企业发展中的引领作用；《大浪淘尽始见金》介绍了"人文茅台，抓住名牌背后的文化"和"科技茅台，走质量效益型发展道路"两方面的内容。

《发展涛声催人急，国酒腾飞正逢时》讲述了党的十六大召开、茅台建厂51周年之际，茅台集团奋发图强的故事。

著作的第二部分和第三部分主题分别为"酱香酒的酿造和科研"和"生产茅台酒"。孟强先生等撰写的《酱香白酒酒醅中产香酵母分离与鉴定》等近10篇理论研究文章，都有较强的理论性、技术性、实操性、指导性，是酱香研究和生产领域不可多得的好论文。

《贵州茅台 800 吨／年工程竣工验收报告》等文章，是孟强先生 1992 年担任茅台酒 800 吨／年扩建工程领导小组组长期间写的报告，这既是他对工作的思考和安排，更是他肩负重任、实现茅台扩建投产成功的法宝。《谁持彩练舞翩跹》《历久弥新铸新篇》《凤凰涅槃造辉煌》《春风又度玉门关》等通讯文章，从不同的视角介绍了孟强先生从茅台酒厂调任技术开发公司后，在新的工作岗位上的工作思路、创新方法、机制改革、文化建设、企业管理、市场开拓、品牌升级等方面的杰出贡献和创造的奇迹。

《奋飞 2005，唱响 2006——与时俱进的贵州茅台酒厂技术开发公司》中有一句："或许，数字非常枯燥乏味，但透过这一个个真实客观的数据，你似乎能触摸到国酒家族成员与时俱进的脉动……"《勇立潮头，打造强势品牌》主要言明，经过 15 个春秋的艰苦创业、奋力拼搏，茅台酒厂集团技术开发公司已发展成为中国白酒行业的一个传奇般的企业。

著作的第四部分主题为"珍酒继往开来"，主要收集了孟强先生从茅台厂到珍酒厂的心路历程，以及在珍酒发展上的用心、用情、用力等方面的各类作品。《珍酒，昨天，今天》，通过纪实的手法介绍了珍酒的前世今生，给大家研究和探访"异地茅台"提供了翔实的资料和洞察视角。

《光阴，雕琢美酒的醇香》这篇文章，读了以后，让人醉在情境、乐在心头，真切感受到了美酒与艺术交融的魅力。《珍酒：红色情怀》一文，则从"藏在山谷中的国家'1号工程'""石字铺的长征史迹"等四个方面讲述珍酒与红色的故事。

《身出名门，情系万家》中作者发出了"移来国色香名城、酿得天香醉九州"的感慨。《将军笑评珍酒》一文则讲述了文化将军陈沂与"茅易酒"情怀故事。《珍酒赋》《大国情怀酿美酒》作为本书的赋体和诗体文本，作者以情景交融的方式对珍酒进行了抒情。《中国珍酒》作为一篇纪实文学，详细介绍了珍酒的过去、现在和未来。《藏在岁月长河里的珍酒》是一篇难得的散文佳作。

《以文会友，用酒传情——〈传奇珍酒〉序三》由孟强先生亲自执笔，介绍了他如何与白酒结缘、如何与珍酒相恋、如何与文学会意、如何与艺术沾亲，文笔优美、情感真挚，值得一读。《弘扬"长征精神"，为珍酒生产做出新贡献》介绍了新一代珍酒人的理想、艰辛和智慧。孟强先生写的《贵州模式：珍酒酿酒公司的奋起》介绍了珍酒如何为贵州省白酒业创造了多、快、超速度发展的模式——"贵州白酒发展模式"。《"酱香之魂"风鹏举》中提到：珍酒——30多年的沉淀需要焕发容颜、2009年8月以后迎来了扶摇直上九万里的腾飞机遇。

杨光焕创作的《酱香之魂——再议"珍酒·惠民工程"》则介绍了珍酒2014年推出的"覆盖贵州百万家庭，累计让利超过十亿元"的惠民举措。《珍酒靠品质和文化"重振"雄风》讲清楚了"品质"和"文化"在珍酒振兴过程中所发挥的重要作用。

附录部分是一些无比珍贵、见证历史的新闻稿件，不仅体现了各级领导对企业发展的重视，更体现了对包括陈孟强先生在内的广大一线酒业人才的关心和鼓励。《深山走出的中国白酒大师陈孟强》一文从他的"美酒河之梦"入手，然后谈到"基层磨炼""勇担重任""复兴珍酒"等内容。

据了解，此书中收录的文章，大部分都在相关报刊公开发表过，也有部

分是收录在各类资料汇编里，有些可能还进了"博物馆"。像这么翔实的贵州白酒人文资料汇编十分少见，值得大家收藏。

由于时间紧张、水平有限，我只能带领大家对此著作做一个"导读"，其中的许多篇幅都值得细细品读和认真回味。不仅可以涨知识、拓视野、明事理，还能提升您的阅读水平和情商智商。孟强先生今年已经70岁高龄了，他还能有这份情怀和心力，将他一生中与他有关的重要文字和图片集结出版，精神难能可贵，我代表广大读者和酿酒工作者向他致敬！

邱树毅

2019 年 11 月 27 日于贵州大学

序二：

岁月如歌 人生如酒

　　人的眼睛就像一台摄影机。对于出生在仁怀美酒河畔的马桑坪与中华人民共和国同龄的陈孟强来说，他的眼睛所记录下的，是祖国的腾飞、家乡的变迁、茅台的发展。如果说这些画面是一个个跳动的音符，汇聚成了一首美妙动听的歌，那他几十年如一日，用理想与智慧握手，为酿酒事业拼搏、奋斗的人生，就如一杯醇厚的美酒，回味悠长。今天的茅台故事，让我们和陈孟强老人一起来听听这首美妙的歌，品品这杯美味的酒。

　　这里，就是陈孟强老人的家乡。位于美酒河镇的马桑坪，曾经作为仁岸盐运通道的周转站而一度繁荣了两百年之久。

　　【"酒冠黔人国，盐登赤虺河"，这句诗所描述的是清朝时仁怀酒业兴旺、盐运发达的盛况。很荣幸的是，小时候，我也曾经目睹了这一繁华景象。中华人民共和国成立后，党和政府为了打通蜈蚣岩，在马桑成立了河道工程局，经过整治和疏通，我们能够见到载重十吨左右的木船从河道上通过，很多赤水、土城等地的木船逆流而上到马桑、茅台，原本就繁荣的马桑坪更加繁华。20世纪50年代初，马桑坪就设有邮局，到处都是百货商店，而且这里还有仁怀贮存量最大的仓库，特别是一到秋季交公粮入库的时候，整个马桑坪通宵达旦，灯火通明，人山人海。】

　　如今的马桑坪，街道明亮整洁，建筑古色古香，居民生活惬意，虽然那

个因盐运兴旺带来的商业繁荣时代早已时过境迁，但是陈孟强仿佛还能看到赤水河上往来的商船队伍，盐夫们辛勤背盐的身影。

【以前马桑坪很多人都靠背盐为生，盐夫们背着几十斤盐翻山越岭，穿跃崎岖的山路运盐的情形还历历在目。随着国家的发展和家乡的变化，我们现在吃盐根本不需要像以前一样大费周折，超市里面随处都可以买得到盐。】

说起祖国和家乡的变化，70岁的陈孟强脑海中有太多的画面。除了盐运时期家乡的繁华让陈孟强记忆犹新外，7年的知青生涯也让他难以忘怀，知识青年上山下乡是他们这一代人特有的经历，是人生中不可多得的宝贵财富。

【上山下乡是我人生旅途中的一段歌，我是1968年去到仁怀最偏远的生产队开始了我的知青生涯，去接受贫下中农的再教育。当时我担任的是生产队队长……带着乡亲们种花生、棉花、甘蔗的情景还历历在目，这一晃，就是7年的光景。】

一个人的命运总是和一个时代的命运紧紧相连的。知青生涯让陈孟强明白一个道理：知识是第一生产力，想把事情干好，人必须肯学习、有文化。也正是这一段艰难的岁月，让陈孟强学会了什么是奉献，什么是拼搏，这对开启他的酿酒人生来说，有着重要的意义。1974年，陈孟强进入了茅台酒厂工作，也迎来了他人生的另一个新纪元。

【小时候，听父辈讲了太多关于酒的故事，我从小就对酒十分感兴趣，想去探索，去研究怎么才能酿出优质的美酒。可以说，当时能够到茅台酒厂工作，算是圆了我小时候的梦。】

追梦的路上，勤奋的态度和无悔的付出是必不可少的。陈孟强十分珍惜这份来之不易的工作，虚心向老工人学习。当时的茅台酒的酿造工艺，没有书面文字，全靠老酒师言传身教，但至于为什么要这样，大家又道不出所以然来，反正就是跟着老师傅干。

【和多数工人比起来，我这个"老三届"算有文化的了，加上我爱探索一些老酒师们解释不了的问题，比如"同样的窖池为何产量有差距"之类的，慢

慢地，开始归纳出来一些茅台酒生产的操作规律。】

20世纪80年代至90年代初，在酿酒生产过程中经常出现二次酒淖排不出酒的情况，这是一个困扰茅台酒生产顺利进行的重大问题。许多班组往往一次酒产量还正常，但二轮次就不如一轮次。当时，作为生产技术处处长的陈孟强看在眼里，急在心头，他决心要找出问题的原因。

【经过长时间的分析和检测，我们发现一次酒的生产时期是全年生产气温最低的时期，当时做了很多尝试，关闭门窗，堆积时给堆子盖上麻袋，可是单单注重气候因素并没有有效地解决问题。后来我们发现酿酒微生物生长繁殖需要新鲜空气，要增大糟醅与空气接触的面积，并保持一定的时间，才可以更好地网罗微生物。之后把两方面的因素都采取了相应的措施后，问题才得以解决了。】

在此之中，陈孟强还提出，对投料的水分要进行严格的控制，不准超过工艺规定的上限。而随着茅台酒质量的不断提高，大家也认识到了合理工艺控制水分投料的重要性。

严格意义上来讲，茅台的规模逐年扩大，生产工艺和设备设施逐步完善，是从改革开放以后才开始的。特别是"七五"期间的800吨扩建工程，是茅台规模发展的基础和一个新的起点。而在陈孟强的回忆里，这个时间节点非常清晰，因为他就是800吨扩建工程的指挥者。

【针对20世纪80年代中期茅台酒生产停滞不前，乃至完不成国家生产计划的严峻局面，1988年，厂领导安排我去主持茅台酒年产800吨扩建项目，至今我都记得领导对我说的话："有什么困难都必须攻克，我全力支持你！"】

接过重任，陈孟强顶着压力和同事们奋战在筹备一线。既要继承茅台酒传统工艺，又要确保投产质量，没有一条现成的道路可以遵循，所以，每走一步都如履薄冰。

【茅台酒生产以前一直用的是泥窖、碎石窖，在试验过程中，我们认真总结经验，大胆改进了窖池的砌筑结构和筑窖方法，在800吨扩建工程中将全

厂所有的窖池都改造成了条石窖，并对每个窖的长、宽、深作了统一规定。经过投产后的实践，取得了良好的效果。】

800吨的成功扩建，让陈孟强如释重负，也为探出一条快速、健康发展的路子积累了经验，为之后的2000吨甚至万吨工程作了铺垫。

在茅台工作的40年间，陈孟强始终致力于茅台酒工艺的传承与创新，为优质、高产、低耗探索出道路，为茅台酒的酿造创造有利条件。他在工作中的突出业绩，得到了公司领导的高度肯定，得到了酿酒行业的认可。

看到茅台今天的发展和影响力，陈孟强露出了会心的微笑。而他自己踏踏实实一路走来的每一个脚印和成功背后的每一次付出，都化作了一坛时间的美酒，历久弥香。

马竞文

2019年11月30日

序三：

陈孟强——四十年悠悠茅台情

"从20世纪80年代起，茅台酒的每一次重大变革，总是凝结着我的心血，虽然我只是一名小人物，茅台的一分子。"

"40年过去，弹指一挥间，酸与甜总是萦怀。"

看着《中国酒业》杂志的采访提纲，提起在茅台酒厂的近40年往事，老茅台酒人陈孟强有着万千的感慨。

从制酒班班长、车间主任、茅台酒厂扩改建800吨/年投产领导小组组长、生产技术处处长、企业管理部主任到茅台酒厂技术开发公司党委书记、副董事长兼副总经理，当年风华正茂的青年，已到了耳顺之年。然而只要一谈起茅台酒的话题，陈孟强总是激情难抑。

"为了茅台的发展，我也曾为她日夜不眠，为她的一时困难而焦虑，为她的越发成功而欣喜，我也曾为她呐喊与努力。"陈孟强说，"从20世纪80年代起，茅台酒的每一次重大变革，总是凝结着我的心血，虽然我只是一名小人物，茅台的一分子。"

把命运交给茅台

20世纪50年代末，陈孟强的家乡茅台镇因"白水酿酒精"这一发明创

造引起轰动。从那时起，陈孟强就"总想弄懂'烤酒'这个简单而又深邃的东西"。

之后，陈孟强放弃了航道队优越的工作环境，来到茅台酒厂。那时的茅台酒年产仅几百吨，机械化根本谈不上，完全靠人工操作，工作的艰辛不言而喻。加上他又带着很多"烤酒"的"为什么"需要解决，而当时文化程度较低的师傅无法解答，只能身体力行给他做榜样，因此一度动摇了陈孟强对茅台酒的信念。

"不过，作为下乡磨炼过几年的青年，是能经受住艰苦工作的考验的。而师傅们热情诚恳的关怀，也使我深受感动。我为了弄懂'烤酒'也不能动摇。从此，我与茅台结下了不解之缘，也把自己的命运交给了茅台。"陈孟强对年轻时的选择无怨无悔。

陈孟强的茅台职业生涯从一名普通制酒工开始，他先后担任过茅台酒厂制酒班班长、制酒车间副主任、主任（兼支部书记）、生产技术科副科长、生产技术处处长、企业管理部主任、贵州茅台酒厂技术开发公司书记兼副董事长等职务。

"随着职务的变化，经历的工作范围也发生了变化，给我带来的责任和压力也逐渐加大。人生也在这些变数中，历经了磨难与风霜，转瞬走过了40多个春秋。"

建功800吨/年扩建工程

陈孟强把他的40年生涯分为3个阶段。

从1975年至1998年，这20多年是他人生中十分重要而又关键的一个阶段。"我从一名什么都不知的并带着很多'为什么'疑问的普通制酒工，走上生产技术处处长的领导岗位，可以说是翻天覆地的变化。这些变化不仅仅是岗位的变化，更是让我破解了很多'为什么'和理解了'烤酒'这个词的深邃含义。"

正是在不断追问"为什么"的过程中，陈孟强逐渐成为茅台酒技术革新

进程中的一名重要且得力的干将。

1988 年，陈孟强迎来了他职业生涯第一个重要转折点。他被领导安排担负起了茅台酒厂扩改建 800 吨／年投产领导小组组长的重任，指挥 800 吨／年的投产工作。

"我吃住在车间，制定不同地域环境下的工艺措施，找出可行的实施方案等，整日为按期投产与确保一次成功而努力工作。"陈孟强回忆说。

在投产准备期间，为了继承茅台酒传统工艺，又要确保投产质量，他大胆创新工艺，提出了"不同区域环境对茅台酒生产影响的探索""茅台酒窖池改造的方案""茅台酒投料水分的适当应用""茅台酒用曲比例的合理配制"等课题。经过边实践边探索的努力，取得了前所未有的成效。

1989 年，陈孟强正式担任四车间（原 800 吨工程）主任兼党支部书记。此后 3 年间，他认真研究茅台酒生产工艺，分析茅台酒生产操作规律，进行多种实验均取得了成功。经过 3 年的试生产共产茅台酒 4105.37 吨，超产 637.57 吨。新酒入库合格率 97.7%，茅台酒主体香型（酱香）占产量的 16.87%，创下了茅台酒厂的最好水平。

总工程师、原厂长季克良曾评价说："陈孟强同志对茅台酒 800 吨／年工程一次投产成功和连年创优有重要贡献，在酿酒领域有开拓性成就。用理论指导实践，对茅台酒厂不同地域环境的微生物生长通过主观努力用科技手段使微生物适应生长，从而为茅台酒生产创造了有利条件。此项成果得到同行公认。提出和主持了 800 吨／年窖池改造工作，提前完善了茅台酒生产的必备条件，稳定提高了茅台酒质量。此项成果受到有关专家及厅、厂领导认可，并在 2000 吨／年扩改建工程投产中推广应用，对茅台酒生产的传统工艺，在继承的基础上，以严格的科学态度不断总结、创新。为茅台酒的优质、高产、低耗探索出了一条道路。主持四车间工作期间，连续 3 年共超产 600 多吨，为开创本厂、国家、集体和个人的收入一年一个新台阶的局面奠定了坚实基础。并善于培养人才、重视人才，为茅台酒生产任务作出了比较大的贡献。"

　　1993年，陈孟强调任生产技术处处长，认真组织、调度生产，深入制酒、制曲、勾兑、包装一线调查研究，进一步改善生产环境，落实生产工艺规程，完善相关制度。4年间，在总工程师的领导下，主持修订或参与修订了几十份工序文件，还参与建立了质量体系管理标准，在工艺技术、生产管理、质量认证方面，主持制定了一系列管理文件。

从技术能手到管理能手

　　1998年至2002年这5年则是一个让陈孟强备受煎熬的阶段。1998年，陈孟强调任企业管理部主任，全面负责全厂企业管理工作。虽然他所学专业是企业管理，但从长期从事技术工作的状态一下转化到管理岗位上，确实让他感到少许的不适应。加之公司提出新的战略要求，陈孟强感到"任重而道远，责任和工作压力随之而来"。

　　任职期间，陈孟强主持了"人文茅台、科技茅台、有机茅台"的创新，完成了"环境、绿色、有机"三大体系的认证工作，同时为申报国家质量管理奖的初步文件拟出了具体的方案，为获取国家质量管理奖奠定了基础。

　　1999年，茅台酒厂成立了有机食品认证办公室，陈孟强兼任办公室主任，主持绿色食品、有机食品的认证工作。经过艰苦的努力和严格的管理，茅台酒系列分别于1999年、2001年获得了绿色食品、有机食品认证。

　　2000年，茅台集团公司拟建立环境管理体系（即ISO 14000），2001年成立了认证领导小组办公室，陈孟强兼任办公室主任，负责协调与组织工作，组织编写了39个环境制度，组织编写了公司环境管理手册和程序文件。2001年9月，国家环保总局中环科认证中心对公司进行了审核并颁发了环境管理体系证书。

　　2000年，为了严厉打击制造假冒茅台酒，陈孟强主持研究了茅台酒的防伪工作，并优化防伪办法，使国酒茅台采用了新的综合防伪技术，取得了显著效果。从2000年至今茅台酒厂使用的"动感密文"防伪技术就是在其主持下采用的目前世界上最先进的防伪技术。

在 2000 年至 2002 年期间，陈孟强主持了全国企业管理现代化创新成果推荐报告，执笔并共同完成了推荐材料、申报材料、经验交流材料、科技成果共 30 多份，文字资料 20 多万字。分别获得"中国最具影响力企业""中国食品行业质量效益型企业""全国食品行业科学技术进步优秀企业"等 20 多项殊荣。他个人也获得 2000 年"全国食品行业质量管理模范工作者"称号。

荣誉证书

陈孟强 同志：

　　被评为全国食品行业质量管理模范工作者。

中国食品工业协会

二000年 月

图前 1　荣誉证书

新舞台　新精彩

2002 年，陈孟强的职业生涯迎来了第二个大转折。这一年的 4 月，陈孟强出任贵州茅台酒厂技术开发公司党委书记、副董事长、副总经理。新的岗位为陈孟强发挥才能提供了更为广阔的舞台，他在这个新舞台上长袖善舞，造就了另一段新的辉煌。

上任以后，他提出"情、商"原则和"诚信为本"的经营理念，对营销员实行经济责任制。即所谓的"服务营销"，以顾客为导向的"卓越绩效模式"，做到顾客心动，营销员行动，在满足客户需求时进一步做好售前、售中、

售后服务。做到"三声"(来有迎声、问有答声、去有送声)、"五到"(身到、心到、眼到、手到、口到)、"六心"(贴心、精心、细心、关心、耐心、热心),为客户提供超值服务,使顾客成为永远的回头客;搞好个性化营销,对客户一视同仁,不厚此薄彼。

2002年当年营销工作取得了新的突破,实现销售收入7100多万元。此后3年,公司效益平均每年以1000万元的速度增长。2004年初公司又重新调整了经营战略,以"发展、创新"为主题,将公司经营管理工作提升到一个新的高度,销售收入恢复到8500多万元,同比增长12%,上缴税金1730万元,同比增长13%。

2002年起,陈孟强还大胆地对公司内部管理进行了整顿。第一,机构改革,建议并设置了综合管理部,重新制定岗位职责83个、工作职责18个,编制成《工作标准》。第二,明确部门职能,对职能部门管理职责、权限,各部门管理规定重新修订、补充、完善,编制成《管理标准》。并根据公司基酒采购不规范的问题,亲自督促完成了《基酒管理规定》《基酒管理及检验程序》《基酒品评管理办法》等相关文件。第三,为了早日与国际标准接轨,在质量保证中心的指导下,对质量管理体系标准进行了2000年版的换版工作,修改和补充完善了2000年版《质量管理手册》和《质量体系程序文件》,使技术开发公司的质量管理体系与国际标准正式接轨,并持续有效运行。根据公司生产实际,重新修订和补充完善了技术标准18个,使公司生产有了指导性的规范技术文件。经过两年的努力,企业的三大标准初步建立起来并开始实施。公司的制度和体系更加趋于标准化、完善化、制度化。

在陈孟强和其他领导、员工一起努力下,技术开发公司2004年被中国企业联合会授予"中国优秀企业"称号;并经中国企业文化促进会评审,荣获"中国传统文化产业品牌贡献""中国企业文化建设先进单位"称号。同时,陈孟强个人也先后获得了"全国企业文化建设工作理论研究成果奖""首届中国管理创新人物金像奖""全国食品行业质量管理模范工作者""贵州省企业文化

建设十大杰出个人"等奖励和称号。

2007年，技术开发公司的开拓者们把公司推向发展的更高峰。全年实现生产量5300吨，同比增长38%；完成销售量4950吨，同比增长60%；实现销售收入1.2亿元，同比增长41%；实现利润3925万元；上缴税金3300万元，同比增长38%；利税总额7346万元，同比增长99%；人均创销售收入46万元，同比增长43%；人均创利税28万元，同比增长100%；人均收入41528元，同比增长6.2%；公司总资产1.95亿元（不含持股）。

现在，陈孟强已经退居二线，然而他仍然醉心于研究、创新，为茅台酒乃至酱香型白酒的更加完美而继续努力。他开发的"陈壹号"获得了很多专家的认可与称赞。

孙汝泽　王敬图

2019年11月30日

目 录

第一部分　茅台的前进之路

1

第一部分

茅台的前进之路

第一章 历史文化视野中的茅台酒厂

茅台酒酿造的发展历史

中国贵州茅台酒厂有限责任公司

茅台古镇一带早在公元前 135 年就生产出令汉武帝 "甘美之" 的枸酱酒，这便是酱香型白酒茅台酒的前身。黔北一带水质优良，气候宜人，当地人善于酿酒，前人把这一带称为 "酒乡"，而 "酒乡" 中又以仁怀市茅台镇的酒最为甘洌，谓之 "茅台烧" 或 "茅台春"。

茅台镇开设正规酿酒作坊始于何时尚无明确考证，但是据茅台镇现存最早的明代《邬氏族谱》扉页所绘家族住址地形图的标注，其中有酿酒作坊。这份族谱所载的邬氏是明代万历二十七年（1599 年）随李化龙平定动乱后定居茅台的，这说明茅台早在 1599 年前就有了酿酒的正规作坊。茅台酒独特的回沙工艺在这个时候基本形成。

茅台最早的酿酒坊名称据考察是 "大和烧房"，这个信息是从茅台杨柳湾一尊建于清嘉庆八年（1803 年）的化字炉上所铸的捐款名单上而获得，名单中有 "大和烧房" 字样。其实茅台酒在清代已相当有名，道光年间已远销滇、黔、川、湘。然而咸丰年间由于战乱，生产一度中断。清同治元年（1862 年）茅台酒坊在旧址上开始重建，这以后的发展主要有三家作坊，名叫 "烧房"，最先开设的是成义烧房，其次是荣和烧房与恒兴烧房。成义烧房的前身是成裕烧房，于同治元年开设，创始人华联辉。华联辉祖籍江西临川，始祖于康熙年间来贵州经商，之后定居遵义。华联辉主要经营盐业，中过举人，曾闻茅台出好酒，于是决定设坊烤酒，经其三代经营，规模不断扩大。起初，年产茅台酒1750千克，名叫"回沙茅酒"，华联辉之子华之鸿接办之初，酿酒仍只是其附带业务，直至茅台酒在巴拿马万国博览会获得金奖之后才引起华氏的重视，年产量扩大到8500～9000千克。1936年后川黔、湘黔、滇黔公路相继通车，给茅台酒的外销创造了条件。1944年华联辉之孙华问渠扩大规模，窖坑增加到18个，年产量高达21000千克，其酒俗称"华茅"。

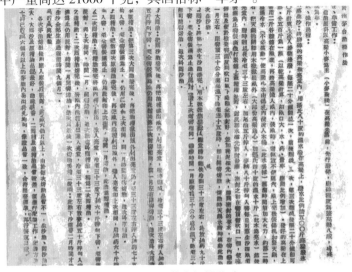

图1-1 贵州茅台酒操作法

荣太和烧房于光绪五年（1879年）设立，后更名为荣和烧房。其本为几家合伙经营，几经周折后，1949年荣和烧房的经营权落到王秉乾之手。这家烧房当时有窖坑4个，年生产能力达12000多千克，但由于管理不善，后来其年产量仅有5000千克左右，其酒俗称"王茅"。

恒兴烧房前身为衡昌烧房，是由贵阳人周秉衡于1929年在茅台开办，后因周秉衡从事鸦片生意破产，其酒房流动资金被挪用还债，导致生产停滞，直到1938年同民族资本家赖永初合伙组成"大兴实业公司"。赖出资八万银圆，周以酒房作价入股，扩大生产规模。后赖用各种办法迫使周把衡昌烧房卖给自己，并于1941年更名为恒兴烧房，到1947年，该烧房年产酒量达32500千克，赖利用其在外地的商号扩大了酒的销路，其酒俗称"赖茅"。抗日战争胜利后，赖永初已跻身政界，当上了贵阳市参议员，曾任贵州省银行、重庆大川银行经理等职务。

古茅台一带所产的酒在西汉时期就作为贡品供皇帝饮用或地方官僚享用，但由于交通不便，其产销规模一直很小。乾隆年间开修赤水河航道，茅台成为川盐运黔的集散地。到道光年间茅台地区商贾云集，民夫川流不息，对酒的需求与日俱增，从而刺激了酿造业的发展和酿酒技术的提高，正如清代大诗人郑珍所说"酒冠黔人国，盐登赤虺河"，当时酒的独特工艺已基本形成。

1915年美国为庆祝巴拿马运河通航，在旧金山举行了"巴拿马万国博览会"。成义、荣和（华茅和王茅）两家烧房的酒作为名优特产送展，当时农商部对这两家的酒未加区分，一概以"茅台造酒公司"的名义送出，统称"茅台酒"。展会上茅台酒以其特有的优点征服了各国的评酒专家，被誉为世界名酒，与法国科涅克白兰地、英国的苏格兰威士忌并称为世界三大蒸馏名酒，从此蜚声中外。获奖后王茅和华茅为国际金奖的所属争执不下，县府无法裁决，官司打到省府。1918年由贵州省公署下文调处：两家均有权使用"巴拿马万国博览会获奖"字样，奖牌由仁怀县府保存。华、王两家为庆祝这次大奖，各自封坛入窖存酒，在1996年纪念"巴拿马万国博览会"召开80周年之际，国酒人推出了80年陈酿茅台酒，其至高无上的品位堪称国酒之尊。

1951年、1952年地方政府通过购买、合并的方法把成义、荣和、恒兴三家烧房合而为一，成立了国营茅台酒厂。从此茅台酒厂不断发展壮大，虽几经波折仍艰难前进，1977年，总产量达763吨，销售387.8吨，达历史最高水平。

茅台镇，这个神秘而又古老的传奇古镇，酝酿着一代又一代的神奇传说。茅台酒就是那名扬中外、香飘九州的酒林至尊，不知迷倒多少政客文人。在我国这个有着深厚酒文化积淀的东方文明古国里，茅台镇以其特别的历史背景和迷人的神秘色彩吸引了众多的历代名人，甚至成为有些人心中朝拜的圣地。

茅台酒以其至高无上的品位和国色天香的品质令众人倾倒，特别是近年茅台集团推出的陈年窖酒，堪称酒中极品，填补了中国极品酒的空白。爱酒和热衷于酒文化的人为能斟上一杯50年、80年茅台陈酿而感到无比荣耀，并津津乐道。

图 1-2 20 世纪 50 年代的茅台酒厂

在经济日益全球化的今天，茅台酒同样挑起了将民族品牌发扬光大的历史重任，并已在华夏人们心中树立起了一个神圣而又坚毅的丰碑。茅台酒在国人心中的认知度和忠诚度牢不可破，赢得了中国驰名商标第一名的盛誉。茅台集团为感谢和回报国人的厚爱，一直秉承励精图治、永攀巅峰的精神，逐渐把茅台酒厂建设成酒类行业中的佼佼者，现已拥有总资产 26.45 亿元，是国家特大型企业、国家一级企业、全国白酒行业唯一荣获"国家企业管理最高奖——金马奖"的企业。在继"巴拿马万国博览会"夺取金奖之后，又多次独揽国内国际金奖：蝉联历届国家名酒评比之冠、14 次荣获国际金奖。万般荣耀集于一身，王者风范显露无遗。

1978 年后，随着改革开放的深入，茅台酒进入了前所未有的发展时期，相继开发出 43 度、38 度、33 度茅台酒乡级产品，以满足消费者的不同口味。特别是社会主义市场经济的建立，引导了酒厂向公司体制转变，1997 年 1 月，茅台酒厂成立了有限责任公司（集团），逐步建立起现代企业制度。1999 年，茅台酒厂集团公司实现股份化，成立了贵州茅台酒股份有限公司，由 20 世纪 60 年代大学毕业就来酒厂工作的季克良同志出任公司董事长。在白酒行业竞争异常激烈的情况下，茅台集团 1999 年销售总额达 12.06 亿元，实现利税 6.38 亿元、利润 3.01 亿元，并继续朝着建设规模效益型和多元化生产的现代企业道路阔

5

步前进。

图 1-3　20 世纪六七十年代茅台酒厂资料照片

目前，贵州茅台酒股份有限公司茅台酒年生产量已突破 30000 吨。43 度、38 度、33 度茅台酒拓展了茅台酒家族低度酒的发展空间，先后推出的茅台王子酒、茅台迎宾酒满足了中低档消费者的需求。15 年、30 年、50 年、80 年陈年茅台酒，填补了我国极品酒、年份酒、陈年老窖的空白，在国内独创年代梯级式的产品开发模式。形成了低度、高中低档、极品三大系列 100 多个规格品种，全方位跻身市场，从而占据了白酒市场制高点，称雄于中国极品酒市场。

2014 年茅台酒厂集团公司白酒产量同比增长 4.86%，白酒销量同比增长 2.29%。其中，截至 2014 年 12 月 20 日，茅台酒销量增长 9.8，销售收入增长 5.3%；茅台系列酒销售收入近 10 亿元，同比下降 50%；习酒销售收入 15.8 亿元，同比下降 40% 多。2014 年茅台酒厂集团公司企业总资产达 828.85 亿元。

图1-4 现今的茅台酒厂

立足生产、思想领先、同心同德、奋力战斗，为夺取八二年茅台酒优质、高产，低耗、多利而努力

各位代表：

我厂第九届职工代表大会第一次会议今天胜利开幕了。我受厂部的委托，向大会报告工作，请审议。

一、我厂工作的基本情况

我厂第九届职工代表大会，距上届职工代表大会召开，已整整 16 年了。在这期间，我厂工作因受到林彪、"四人帮"的严重干扰破坏，受到十年内乱的冲击，曾一度处于被动落后状况。但是，粉碎"四人帮"后，特别是党的十一届三中全会以来，在党中央正确路线的指引下，在上级党组织的关怀下，在厂党委的领导下，经过全厂职工的共同努力，我厂面貌迅速发生了根本变化，于 1978 年一举扭转了连续 16 年的亏损，摘掉了落后帽子，跨进了全省先进企业行列；1979 年乘胜前进，又夺得了优质高产的好成绩，茅台酒被评为全国优质产品，荣获国家最高奖——金质奖；1980 年再接再厉，使各项工作达到了"五个新"的要求；1981 年扬鞭催马，又全面完成了国家计划，使各项工作取得了新的成绩。总之，近几年来，我厂的政治、经济形势和全国一样，一年比一年好。在这里，我代表厂部，对为我厂发展变化立下功劳的、战斗在各个岗位的全厂职工致以崇高的敬意。

党的十一届三中全会以来的路线、方针、政策深入人心，全厂广大职工思想水平、政治觉悟不断提高，政治安定、生产发展是我厂形势大好的主要标志。

几年来，我们坚定地贯彻执行了党中央的路线、方针、政策。我们经过贯彻十一届三中全会作出的把全党工作的着重点转移到社会主义现代化建设上来和大讲重点转移与国家繁荣昌盛、人民幸福安康的关系，使大家认识到重点转移利国家，顺潮流，合民意，势在必行。经过对邓小平副主席《关于目前的形势和任务》的学习，回顾厂史，使广大职工进一步认清了形势，明确了任务。特别是贯彻中央工作会议提出的"在经济上实行进一步调整，政治上实现进一步安定"的方针后，使大家认识到调整安定的方针是当前我国政治经济唯一正确的方针，表示同党中央保持政治上的一致，从而激发了斗志，振奋了精神。通过对十一届六中全会《关于建国以来党的若干历史问题的决议》的深入学习，使大家对中华人民共和国成立以来的大是大非问题从思想上统一了。经过对五届人大四次会议作出的今后经济建设的十条方针的学习，表示要坚决贯彻执行。我们还经过两次民主选举县人民代表和厂职代会代表，使职工受到了教育，提高了当家做主的责任感和积极性。经过落实政策，纠正和处理了50件历史遗留问题，整顿、加强和充实了14个科室8个车间的领导班子，提拔了18名工程技术人员和管理干部，套改晋升了24名大中专毕业生的技术职称，增强了团结，调动了各方面的积极因素，从而加强了班子建设。经过贯彻中央关于加强和整顿社会治安的精神，我厂加强了法制宣传教育，打击了违法犯罪分子，收缴了凶器，收容审查，综合治理，使社会治安情况有了明显好转，基层治保工作得到加强，安定团结的政治局面得到巩固。"五讲、四美"和"学雷锋、树新风"活动正在深入地开展，使社会风气逐步向好，涌现出很多好人好事。总之，通过几年来的学习和实践，我厂职工思想不断解放，对党中央一系列路线、方针、政策加深了理解，对中华人民共和国成立以来经济工作中的主要错误即"左"的错误有了认识，对在新的历史时期坚持四项基本原则的重要性有了深刻的领会。由于加强了思想政治工作，进行了坚持四项基本原则的教育，实现了政治上的安定团结，保证了我厂在调整、改革、整顿、提高中稳步前进。

几年来，我们始终坚持"以生产为中心，质量为重点，酱香为重中之重"的方针，在经济上取得了明显的效益，主要体现在五个方面。一是产量不断增长：粉碎"四人帮"前，我厂长期完不成国家计划，粉碎"四人帮"后，全厂职工大干社会主义的积极性调动起来了，迅速扭转了被动局面。茅台酒连续5年超任务完成，共超产307吨；1977年计划752吨，实际完成763吨；1978

图 1-5　生产茅台酒

年计划 1000 吨，实际完成 1067 吨；1979 年计划 1040 吨，实际完成 1142 吨；1980 年计划 1040 吨，实际完成 1152 吨；1981 年计划 1040 吨，实际完成 1055 吨。茅台酒销售计划也连续超任务完成，5 年超计划 296 吨。二是质量稳定提高：新酒合格率 1977 年是 86%，1978 年是 88%，1979 年是 95%，1980 年是 96%，1981 年是 96%；酱香酒 1977 年占总产量的 4.28%，1978 年占总产量的 6.9%，1979 年占总产量的 5.5%，1980 年占总产量的 8.25%，1981 年占总产量的 12.75%；出厂酒质量经省厅多次抽查和用户反映，也是稳定提高的。三是盈利逐步增长：在 1977 年以前的 16 年里，我厂连续每年亏损，共亏损 444 万元。自 1978 年以来，由于加强了企业管理和经济核算，开展了增产节约、增收节支的举措，一举摘掉了亏损帽子。1978 年利润计划 1 万元，实际完成 6.5 万元；1979 年利润计划 8 万元，实际完成 10.5 万元；1980 年利润计划 32 万元，实际完成 72.4 万元；1981 年利润计划 75 万元，实际完成 105 万元，突破了百万元大关，超计划 30 万元。5 年共向国家上缴税收 1547 万元。四是随着生产的发展，职工生活福利得到进一步改善，厂区面貌得到很大改观：5 年来，为改善职工生活，用于职工生活福利投资 53.7 万元；为解决住房困难，新修和维修职工宿舍 6000 平方米，占全厂宿舍总面积的 1/3；职工收入稳定增长，1977 年全厂职工年平均收入 513 元，1978 年 615 元，1979 年 703 元，1980 年 837 元，1981 年 846 元，1981 年比 1977 年每人平均净增 333 元，增长 64.9%；为解决职工后顾之忧，安排了252名职工子女就业；同时，办了几件使职工满意的事情，如在厂区铺筑水泥路、架设水泥电杆、安装水银路灯、职工盼望已久的俱乐部竣工等。五是厂区文明生产建设实现了经常化、制度化，使过去垃圾到处堆、蜘蛛网到处布、杂草到处长、污水到处流的现象得到改变，代之而起的是整洁舒适的环境，为工作和生产提供了良好的卫生条件，为提高茅台酒质量作出了贡献。职工业余教育同子校在提高教学质量，为国家输送人才上都取得了一定的成绩。

几年来，我们的工作虽然取得了很大的成绩，但也存在着不少问题。在生产上，由于近几年我厂形势逐年向好，在一些部门和一些同志心中，逐步滋长了骄傲自满的情绪，因而开始麻痹松劲，使生产工作出现不平衡；在思想战线上，有的领导还存在涣散软弱的现象；在政治上，还存在一些不安定因素；在职工福利上，还欠账不少。我们决心总结经验教训，发扬成绩，纠正不足，在1982年扎实工作，努力完成党交给的各项任务。

二、1982年的工作任务

1982年厂党委向我们提出的主要工作任务和奋斗目标是："立足生产、思想领先、同心同德、奋力战斗，为夺取1982年茅台酒优质、高产，低耗、多利的胜利而努力。"我们要坚决按照厂党委提出的这个任务和奋斗目标，把我们的工作搞上去。

20世纪80年代的第一春已经过去，我们在催人奋起的嘹亮钟声中迎来了新的一年。回首过去，我厂形势一年更比一年好，展望将来，我们信心百倍，豪情满怀，定然今年胜去年。冬去春来，气象万千，祖国到处是生机勃勃的景象，我们要抓住大好时光，在新的一年里，立足生产、思想领先、同心同德、奋力战斗，夺取1982年茅台酒生产优质、高产，低耗、多利的胜利。虽然实现这一奋斗目标是不容易的，但是，我们有党中央的正确领导，有适合我国国情的发展经济的十条方针指引，有全国大好形势的鼓舞和全国人民的支持，有全厂职工的思想统一，团结战斗，所以，我们有信心、有把握在新的一年里夺取新胜利。

第一，加强企业管理，全面超额完成1982年茅台酒生产计划。

国家今年下达的茅台酒生产计划：制酒1080吨，合格率是95%；制曲

2808 吨；盘勾酒 1200 吨；茅台酒销售 650 吨，利润指标 109 万元。1982 年茅台酒生产任务艰巨，我们必须齐心协力，振奋精神，鼓足干劲，群策群力，扎扎实实地搞好各项工作，全面超额完成国家各项计划。

在生产上，仍要坚持"以生产为中心，质量为重点，酱香为重中之重"的指导思想，坚持"抓质量，促产量"的方针，坚持均衡生产，坚持传统的工艺操作规程，要从精工细作上下大功夫、花大力气，对在生产操作上不按规程办事、粗制滥造、搞自由化的错误倾向，要坚决抵制、批判、惩罚。

要继续反复深入在职工中宣传提高茅台酒质量的重要性和必要性，使"质量第一"的思想进一步深入人心。省委确定今年为"质量年"，我们要全面深入地开展好全面质量管理活动，努力提高产品质量。要采取多种方式进一步搞好全面质量管理的培训工作，定期举行讲座。要不定期召开质量分析会，随时总结推广多产酱香酒和多产好曲的经验，把各种影响质量的因素及时消灭在萌芽状态，使茅台酒质量在现在的基础上得到稳定提高，在国内永夺金牌，在国外永保名牌。

在企业管理上，要继续从管全、管细、管严上狠下功夫，努力做到以最小的劳动消耗，获得最大的经济效果。一是要加强标准、计量、定额、统计等企业管理的基础工作，认真做好生产过程中的原始记录。二是对近几年行之有效的各种规章管理制度，如"生产操作过程""生产检验制度""岗位责任制""考勤制"等要进一步恢复和健全起来，并严格执行。三是要讲究生财、聚财、用财之道，深入搞好增产节约，增收节支。我们要一心一意做好挖潜、革新、改造工作，充分利用现有设备和技术力量，努力改善经营管理，在保证质量的前提下，力争多超产；在保证国家计划的前提下，积极扩大茅台酒的花色品种，不仅要增加二两五的销售量，还要积极搞好白酒试验和配制酒的试制工作。我们要认真搞好节约原材料、节约能源、节约各项开支的工作，向官僚主义、铺张浪费、制度不严要原材料，要能源，要利润。即通过加强经济核算，开展"几个一"活动，实现原材料节约；通过提高水、电、气、油、煤的有效利用率，实现能源节约；通过加速资金周转，加强库存物资管理，控制出差人员和行政经费开支，实现资金节约。

第二，大抓企业整顿。

整顿企业是提高职工社会主义积极性，挖掘企业潜力，提高经济效益，增加收入最现实的办法。靠企业整顿出速度，出效果。前几年我厂企业整顿是有成绩的，对超额完成国家各项计划，提高产品质量，提高经济效益起了推动作用。但是前几年企业整顿是恢复性的整顿，为了实现 1982 年茅台酒生产优质、高产、低耗、多利，深入搞好企业整顿是我厂当前一项重要而迫切的任务。企业整顿的标准，国务院〔1981〕158 号文件已作出规定：（一）有一个坚持四项基本原则，党风端正，团结战斗，精干有力，年富力强的领导班子。正副厂长懂生产技术，会经营管理。（二）建立健全党委领导下的厂长负责制和党委领导下的职工代表大会制。党委核心领导强，思想政治工作有力，职工民主管理好，生产行政指挥系统工作效率高。（三）建立了各级责任制，企业管理的各项基础工作比较完善，推行全面质量管理、全面经济核算、全员培训取得了显著成绩。（四）安全和文明生产搞得好。（五）全面完成国家计划，产量、质量、成本、利润等主要技术经济指标，接近和达到本省、市、自治区同行业先进水平。（六）在发展生产的基础上，职工的集体福利和物质文化生活得到了改善。厂部决定在深入调查研究的基础上，根据这六条标准，制定具体要求。我们要坚决按照这六条标准，以过去整治的精神来抓企业整顿，当前要把迅速落实不同形式的经济责任制作为整顿的突破口抓紧抓好。下一步着重是组织整顿、纪律整顿、思想整顿。要经过整顿建设好领导班子，解决领导班子精干问题，使各级领导班子逐步实现"革命化、年轻化、知识化、专业化"。要经过整顿劳动组织，按定员定额组织生产，有计划地进行全员培训，杜绝人浮于事、工作散漫的现象。要经过整顿和加强劳动纪律，严格执行奖惩制度，对遵章守纪、劳动好的要给予表扬和奖励，对严重违反劳动纪律而又屡教不改的，要按照有关规定给予经济的或行政的惩处，直到辞退和开除。健全党委领导下的厂长负责制、职工代表大会制，加强民主管理，保障职工行使自己的民主权利，提高职工主人翁责任感和当家做主的积极性。厂部接受职工代表大会和其他常设机构的监督，欢迎职工代表检查厂部工作，倾听职工代表的批评和建议，认真处理代表的提案。

第三，认真推行和完善不同形式的经济责任制。

推行经济责任制，能有效地解决分配中的平均主义，克服吃大锅饭，是整顿好企业、加强企业管理、提高经济效益的有效措施。从去年我厂部分车间实行经济责任制的实践看，方向是对的，效果是好的。如包装车间去年实行了包工到组、记分计奖的经济责任制后，调动了各方面的积极性，促进了包装成本管理，使占全厂总成本52%的包装成本比前年降低6%。因此，从今年起，我们要把推行和完善不同形式的经济责任制的工作在全厂铺开。厂部经几下几上，已拟订各车间、各单位经济责任制方案，将提请职代会审议。一经审议通过，各车间、单位要作为当务之急，加强领导，迅速落实。在实行经济责任制中，要加强思想政治工作，使职工真正理解责任制的全部内容和要求；正确认识实行责任制的目的和意义；知道责任制既是经济责任，又是政治责任；明确实行经济责任制的关键是要加强责任心，提高经济效益；正确处理国家、企业、个人三者的利益关系；摆正当前利益和长远利益、局部利益和整体利益的关系，树立全局观念，增强主人翁责任感，为四化建设多作贡献。我们要摸着石头过河，在实践中不断总结经验，逐步完善经济责任制，使其健康地向前发展。

第四，加强治安保卫工作，巩固和发展安定团结的政治局面。

安定团结的政治局面是保证1982年茅台酒生产顺利进行的前提条件。我们要继续深入贯彻中央整顿社会治安的精神，依照宪法、法律、法令规定，学会运用法律武器处理敌我矛盾和人民内部矛盾。对社会治安实行包干，进行综合治理。一要依法从重从快打击杀人犯、盗窃犯和其他严重破坏社会秩序的现行犯罪分子，惩罚打架斗殴等违反社会治安管理条例的行为，加速对各种政治案件和经济案件的侦破。二要严禁赌博，继续收缴凶器和收容审查。三要在职工中深入进行社会主义法制教育和纪律教育，使职工增强法制观念，懂得法律，知道哪些行为是合法的，哪些行为是违法的，自觉遵守法律，积极主动勇敢地对各种违法现象进行坚决的抵制和斗争。厂部拟定的《职工守则》将提请职代会审议，从今年起，职工要遵守《职工守则》，违者，分别给予警告、记过、罚款、行政拘留、除名或党纪政纪的处分。同时还要抓好对违法犯罪青少年的教育。四要贯彻预防为主的方针，各单位的治保会要大力加强民事纠纷的调处工作，把人民内部矛盾解决在基层，解决在萌芽状态，不使矛盾激化。五要搞好"四防"工作，要防火、防盗、防特、防止恶性事故的发生，保证生产安全。春节即将来临，各单位要和保卫、安全部门紧密配合，采取措施，确保节日安全。

第五，坚持搞好文明生产，把清洁卫生作为精神文明建设的突破口来抓。

我们是食品行业，茅台酒又是名牌产品，搞好文明生产更有特殊意义。我厂文明生产近几年是好的，这次省轻工厅检查团到我厂检查，对我厂文明生产作了高度评价，评选我厂为省厅直属厂文明生产红旗单位。我们要继续发扬好传统，保住荣誉。厂部决定，1982年仍把文明生产作为季度红旗竞赛评比条件之一。各生产车间要按照《文明生产守则》的要求，进一步提高文明生产管理水平。各单位对自己上班的地方和所管辖区域的环境卫生，要坚持一天一小扫，一周一大扫，时刻保持清洁卫生。同时，要搞好厂区环境绿化，加强厂区环境保护工作。要积极响应国务院植树造林号召，在全厂开展植树造林和培植花草的义务活动，厂部准备在春节后和植树节开展两次造林活动，各单位应做好准备，动员全体职工积极参加，全厂职工要用勤劳的双手，使厂区披上绿装，让花香四处芬芳，为把我厂装扮成花园式工厂而努力。

第六，加强上下左右密切配合，加强职工生活福利工作。

为搞好1982年茅台酒生产，我们要齐心协力，通力合作，加强上下左右的密切配合，克服办事拖拉、互相扯皮、不负责任、各自为政的不良作风。动力要当好先行，要积极主动做好各项工作，保证全厂水电气的供应，特别是要保证制酒、制曲、勾兑、包装的水电气供应，人为地破坏水电气供应，导致停工停产，要追究政治责任，给予经济制裁。还要搞好设备维修和技术革新工作。机关要急生产所急，想生产所想，紧紧围绕生产中心，健全岗位责任制，提高办事效率，努力做好本职工作。生产质量管理部门要加强生产的调度指挥，及时做好技术指导和技术监督；要加强对新酒、出厂酒、曲子、原材料的质量管理。行政、工会、劳资等部门要抓好职工福利事业、劳动保护、文体活动等各项工作。供销部门要组织好原燃材料的采购、调配，保证原燃材料和包装材料供应不脱节，同时，保证满足厂内运输的需要。财务部门要严格财经纪律，及时进行资金、成本、利润等的分析，提供数据，预测趋势，参与决策，为生产服务。科研部门要加速容器实验、酱香酒调查等科研项目的研究和运用推广，使其真正成为强大的生产力，促进茅台酒生产，还要搞好新酒老熟实验，抓紧搞好白酒试制。医务部门要努力提高医疗水平，改进服务态度，加强防疫工作，努力控制各种传染病流行，保护职工身心健康。基建部门要本着少花钱、多办事的原则，提高基本建设投资的经济效果，要加强管理，加强核算，坚决反对不讲质量、不讲效果、大手大脚、铺张浪费的现象；要集中精力，加快对三车间2号房、32号酒库、10号职工宿舍等工程的竣工速度。

去年，我们在职工生活福利上办成了几件事，今年我们仍要把职工生活福利作为一件大事来抓，继续办好几件使职工满意的事。一方面要加强食堂的具体领导和管理，不断总结经验，把职工食堂办好。另一方面要想方设法把托儿所修起来，把冷饮设备、吸尘器安装起来。我们打算每年扎扎实实地做几件好事，逐步提高和改善职工福利事业。

第七，继续抓紧在职职工培训，抓好计划生育。

今年要把我厂广大职工特别是十年动乱中被耽误的青年职工，最广泛地组织起来学习，提高其文化科学和业务技术水平，以适应现代化建设需要，适应茅台酒生产需要，这是一种效果很好的智力投资，也是建设高度精神文明的有力措施，具有重要的战略意义。党中央、国务院继前年作出了《关于加强职工教育的决定》后，又在去年召开的五届人大四次会议通过的经济建设的十条方针中提出"要提高全体劳动者的科学文化水平"，这说明党中央、国务院对职工培训是很关心、很重视的。厂党委对职工培训工作也是很关心、很重视的，不仅成立了专门班子，还专门拨了经费进行该项工作。我们要充分利用这些有利条件，有计划、有步骤、有目的地搞好我厂职工培训工作。当前，要继续抓好扫盲和英语学习。

我们要进一步加强计划生育工作。去年我厂计划生育工作是有成绩的，人口增长率从前年的 12.5‰降到去年的 4.5‰。今年我们要继续加强计划生育的宣传教育，使全厂职工进一步理解控制人口增长对加速四化建设、提高人民生活水平的重大意义，使我厂人口增长率不突破 8‰。要提倡晚婚、晚育，提倡一对夫妇只生一个孩子，对不听教育而违反的，要按中央、省委文件精神严肃处理。

第八，加强思想政治工作，建设社会主义精神文明。

厂党委去年 11 月份召开了政工会，厂党委书记周高廉同志就今后如何加强我厂思想政治工作，建设社会主义精神文明做了安排，我们要坚决按照厂党委的要求去做。在思想政治工作上，要组织职工学习延安精神、大庆精神、女排精神；要抓党政工团民兵的积极作用，抓党员、团员、骨干的带头作用，抓学习先进，抓后进层的转化；要注意解决职工的实际困难，对职工生活方面存在的问题，应该解决而又能够解决的，要积极创造条件，切实抓紧解决，一时解决不了的，要向职工说清楚，取得谅解。要坚决批判和纠正各种脱离群众，对群众疾苦不闻不问的官僚主义态度。广大职工要树立全局观念，以眼前利益服从长远利益，个人利益服从国家利益，发挥自己的聪明才智，各尽所能地为茅台酒生产作出贡献。

这几年我厂在树立良好社会风气和道德风尚方面做了不少工作，也取得了很大成绩。但在我们干部和职工队伍中，还不同程度地存在着一些不好的现象：不讲纪律，涣散松垮；不负责任，推诿扯皮；不讲贡献，只讲金钱；不讲为国分忧，只顾损公肥私等。推行经济责任制是好事，可是在这个过程中，一些人不讲加强责任心，不讲完成国家计划，却事事讲价钱，有的领导不去积极讲道理做工作，反而跟个别职工的落后情绪结合在一起，必须指出，这样下去是很危险的。对超额劳动的同志发奖金是必要的，但不能过分。我们是国家的主人、企业的主人，要以主人翁姿态来干工作。我们要坚持不懈地采用多种形式，生动活泼地在全厂职工中进行共产主义思想和共产主义道德教育，进行爱国主义教育，深入开展以"学雷锋、树新风""五讲、四美"为主要内容的文明礼貌活动。人是要有一点精神的。我们要提倡和表彰大公无私、服从大局、一不怕苦、二不怕死、毫不利己、专门利人、艰苦奋斗、廉洁奉公、严守纪律的革命精神，使我厂职工成为爱祖国、爱社会主义、爱厂、有理想、有道德、讲文明、讲礼貌、维护公共利益的高尚的人。

第九，加强党的领导。

党的领导是我们事业胜利的根本保证。各级行政部门要自觉地把工作置于各级党组织领导下，要服从党的领导，维护党的团结和统一。我们要坚定不移地深入贯彻执行党的十一届三中全会以来的路线、方针、政策，坚定不移地深入进行坚持四项基本原则的教育，要加强对思想政治工作的领导。我们要加强各级领导班子的团结，加强上下级之间、部门之间、干群之间、新老同志之间的团结，团结起来，同心同德搞四化。各级领导要加强政治和业务学习，提高领导艺术，以适应四化建设需要。同时，要改进工作作风，经常深入基层、深入实际，密切联系群众，搞好调查研究、检查督促，要坚持两分法前进，有长处不自满，有缺点不护短，先进经验要总结推广，好人好事要大力表扬，对缺点错误要揭发纠正，对坏人坏事要严肃处理。

各位代表：

我们集国家重任、人民希望于一身，我们一定要谦虚谨慎，戒骄戒躁，努力工作。我们工人阶级是有志气的，是具有高度主人翁责任感的，是能够战胜一切困难、取得胜利的。让我们高举马列主义、毛泽东思想的旗帜，在省厅党组和厂党委的领导下，团结一致、振奋精神、奋力战斗，拿出征服"十八盘"的信心，鼓足登上"南天门"的干劲，力争到达"玉皇顶"，攀登新高峰，夺取新胜利，为四化建设作出更大的贡献。

【本文为贵州省茅台酒厂厂长邹开良在茅台酒厂第九届职工代表大会上的工作报告】

1982 年 1 月 12 日

竞争是人生永恒的主题

——记茅台酒厂集团公司董事长季克良

陈孟强

季克良是毕业于无锡轻工学院的高才生，20 世纪 60 年代放弃了分配到大城市科研所的机会，出于对国酒茅台的无限向往，应着国酒茅台的呼唤，背着简单的行李，千里迢迢地来到茅台这块神奇的土地上。他从技术员做起，在30 多年的酒中岁月里，历任工程师、副厂长、总工程师、厂长、副书记、董事长、党委书记，从满头黑发到两鬓飞霜，他始终把理想和信念与茅台酒的事业紧紧地联系在一起，把青春和才华奉献给国酒事业。

作为一名国家级酿造专家，为了探索茅台酒生产工艺的秘密，他不分白天黑夜来回奔走于生产车间，向老酒师请教，记录各种原始数据，通过反复的比较研究，在实践中深化，逐步形成了茅台酒生产的理论体系。

他提炼历代国酒人酿酒工艺之精华，把茅台酒一两千年来的酿造技术赋予了科学的理论，先后撰写了《增产酱香型酒的十条经验》《茅台酒的电导与老熟》《加强企业管理与提高产品质量》《茅台酒风味及其工艺特点》等几十篇论文。1993 年，季克良集 30 年研究之大成，亲自指导贯彻 GB/T 19000–ISO 9000 系列标准，并组织编写了《质量手册》《质量程序文件》《质量管理标准》，把传统工艺与现代科学理论结合起来，使茅台酒生产走上标准化、规范化、现代化的科学发展道路，完成了历史赋予的神圣使命。

作为企业家，季克良同志活跃于改革开放后的黄金时代，这一时代为他事业理想的实现提供了良好的机遇，同时也正是这一时代，给他带来了一生中最严峻的挑战。面对白酒行业群雄并起的竞争和洋酒的冲击形势，他与企业领导理论联系实际，审时度势，反复磋商，终于酝酿出一套全新的战略思想，提出了"一品为主，多品开发，一业为主，多种经营，一厂为主，全面发展"的战略方针，充分发挥名牌优势，走集团化规模经营之路，开创了茅台酒发展史上最辉煌的时代。短短几年时间，先后开发了43%（V/V）、38%（V/V）茅台酒，茅台威士忌、茅台王子酒、茅台醇、九月九的酒等系列新产品，形成了多种体制、多种经营、内外贸易同发展的新格局。

作为一名运筹帷幄的企业管理者，他深深懂得提高产品质量、加强企业管理、塑造良好企业形象的重要性，提出了"永保一流产品，争创一流管理，实现一流效益，建设一流风貌，向国际明星企业迈进"的奋斗目标，通过贯彻ISO 9000系列标准，完善质量体系，并于1994年底通过认证，1998年换证续认，使企业管理再上新台阶，先后荣获"全国优秀企业金马奖""巴拿马万国博览会特别金奖第一名""全国推行全面质量管理先进企业"等称号。

他努力倡导"爱我茅台，为国争光"的企业精神，并身先士卒，率先垂范，做勤政廉政的楷模，处处以人格的力量感召职工，使茅台酒厂上上下下形成了"酒香、风正、人和"的良好氛围。他自己也被评为享受政府津贴的高级知识分子，并先后荣获"国家级有突出贡献的中青年专家""全国'五一'劳动奖章""全国食品工业优秀企业家""全国500名最大企业创业者""全国劳动模范""中国商界十大风云人物""中共十五大代表"等多项殊荣。

跨越神话茅台情

——关于季克良和茅台酒厂集团公司的畅想

陈孟强　何建红　李权海

琼浆玉液淘尽千古风流人物，国酒茅台醉倒天下风骚墨客。

茅台亘古骄贵。干杯，玉樽在历史上赫然定格。国酒茅台，聚山川之灵气，蕴日月之精华。念天地之悠悠，吟千古之绝唱，唯醇香袅袅于天下！

序　言

赤水河，中国西部的历史大河。

亘古以来，她像一个恬美秀丽的仙女，没有气势磅礴的喧哗，没有浩瀚无边的豪迈，只是静静地演绎着一个动人的神话。

遥想当年，这里还到处是牛毛毡搭顶的"干打垒"房的破败，几栋稀稀拉拉的木房，而今一排排高楼大厦拔地而起，新建成的茅台国酒文化城傲然而立，昔日深巷里的好酒如今走出巷子，走出国门，走向世界，茅台的品牌就如同黄河、长江一样立于世界东方。

这并不是耸人听闻的传奇！

世纪的年轮滚滚而过，那飞扬的尘土掩去了许多求索的脚步，可茅台镇的人无论怎样也忘不了那串熟悉的脚印，他刚毅挺拔的身影也曾让赤水河留下了难以忘怀的记忆。

他就是季克良，他创造了赤水河边茅台人跨越世纪的神话。

艰难困苦玉汝于成

茅台，名扬四海的贵州古镇。

茅台，香飘万邦的酒林至尊。

早在1915年，茅台镇的物产就在巴拿马万国博览会上荣膺金奖；而今，更有文人墨客为其赋诗吟诵，我国著名诗人雁翼曾对茅台工艺写了如下一首绝妙的诗篇：

不仅仅茅台神奇的人／更是茅台人神奇的智慧／提高粱的精／取麦芽的魂／捕捉泥土和空气的情思／集中、糅合、升华——／建立了一座液体丰碑／醉了历史／也醉了今朝／化人间多少悲愁成喜泪／醉了中国，也醉了五大洲／多少盛宴因你而魂颠神飞

刀耕火种天地精华，日月灵气高温发酵，9次蒸煮，7次取酒，历时整整1年，丰满醇厚的酒香方才显现。

这就是茅台的魅力；这就是茅台的神奇。

当季克良从无锡轻工业学院发酵专业毕业后，似乎就注定要与茅台为伍，生活的坎坷铸就了他性格的坚毅，经历的磨难刻画了他履历的惊奇，来到这闻名遐迩的茅台镇，眼前的景象却跟他理想中的大相径庭。

没错，赤水河果真是那样的秀美恬静，一如想象中的一样。可是，河畔星星点点散布的，却是一间间牛毛毡搭顶的"干打垒"房。道路泥泞不堪，几处不大的厂房全为木结构，一看便知道是解放前的遗留产物，多年风雨，已令这些建筑多少有些倾斜——难道这就是倾倒中外的国酒的摇篮吗？季克良有些不相信自己的眼睛。

艰苦的条件对季克良来说并不可怕。从小他就历经生活的坎坷，童年的磨难与泪水，早已铸造出他坚韧的性格，蓦然之间，他已经把自己与整个国酒事业联系在一起，在他心中不停翻滚的是如何让茅台的盛名远播，把这国之金樽举得更高，让这神之仙露沁满人间。

刚来茅台的那段时间，季克良被安排到车间，从生产线开始干起，他默默地努力着，虽然基本是个"打杂"的角色，踩曲、投料、上甑……什么活儿都挨点边，与一般工人没两样，但大学时期积淀的专业知识，却使他获得了别人所没有的、独特的观察能力和观察视角。

他发现，茅台酒之所以能够称雄世界，当地劳动人民经千百年积累创造的独一无二甚至带点神秘色彩的酿造工艺起到了至关重要的作用。可非常遗憾

的是，长期以来，这种工艺一直是"师带徒"和口耳相授的作坊式操作，因而人为色彩很重，波动性较大，不利于产品质量的长期稳定提高，如不及时采取必要对策，一旦老酒师们相继逝去，损失将无可挽回。

季克良看在眼里，急在心上。他默默地观察、静静地思考着，茅台的点点滴滴，已在季克良的心中形成一座沉重的金字塔，那层层垒起的不仅是茅台人的荣誉，更是华夏儿女的期望。

"高山仰止疑无路，曲径通幽别有天。"

河套沉淀了沃土，坎坷的脚窝里孕育着一片新绿。

但是成功总是垂青于那些有准备的头脑。那一年，根据周恩来总理的指示，国家轻工业部向茅台酒厂派出了一个科研小组，专门研究茅台酒工艺。作为为数不多的科班出身的专业人才，季克良被抽调与科研小组一起工作，经过两期试点，科研小组认为茅台酒"堆积发酵应嫩点好"。

针对上述结论，这个平日里沉默的年轻人，却毫不退让，据理力争，提出了迥然不同的结论，"堆积发酵应老点好"，并坚持改变相关工艺参数。最终，在实践的检验结果面前，大家接纳了他的意见，并将其纳入茅台酒生产操作规程。

由此，季克良在用理论规范茅台酒生产的探索之路上一发不可收拾，接二连三地推出了许多在全国白酒界引起瞩目的研究成果，其中最具历史性意义的一项，是提出了茅台酒不同于其他名优白酒而得以笑傲群雄的十大工艺特点，如茅台酒是季节性生产，5 年才能出产品，而其他白酒有的只需几十天，茅台酒全年两次投料，其他酒一年四季都投料；茅台酒同一批原料要经过 9 次蒸煮、加曲、堆积发酵、入池发酵、7 次取酒，其他酒只需一两次、四五次即可完成；茅台酒是高温制曲、高温堆积，与其他白酒完全相反……

以此为基础，他又对照提出了茅台酒"制曲是基础，制酒是根本，陈酿和勾兑是关键"的指导思想；提出了"轻水分入窖""尽一切可能创造条件让好气性的微生物充分繁殖"等全新观点，并先后发表了《白酒的杂味》《茅台酒的电导与老熟》《高粱啤酒的糊精》等学术论文 20 余篇，撰写或主持制定了

《茅台酒传统工艺总结》及《贵州茅台酒工艺标准》，从而形成了自己的理论体系，填补了我国酱香型白酒生产标准的空白。

这就是季克良，他像一股蓄积已久的浆岩，尽情挥洒他的辉煌与不凡……

咬定质量不放松

质量，是任何一个企业的生命之柱，35 年来，从普通技术员到生产科副科长，从副厂长到总工程师再到厂长和现在的位置，无论位置如何变化，"时势"如何变迁，季克良从来没有动摇过为树建茅台质量大厦而努力的决心。

"当前，企业应以效益为中心的说法提得很响，我不完全这样认为。我始终坚持，即使在市场经济下，质量仍是企业工作的中心，只有如此，才可能获得真正长远的效益。茅台酒之所以被誉为国酒，不是因为其他，而恰恰就是源于其与众不同的质量，很难想象，如果质量下去了，我们口头成天讲的千百个'效益'，会有什么实质的意义。"

平平实实的话，真真切切的理。

在茅台酒厂质量及生产部门供职的人员都知道，这两个部门，一向是季克良盯得很紧的重点。但凡他出差在外稍久一点，而一旦返抵茅台，无论时间多晚，第二天一大早，必然逐一到各生产车间实地察看了解，数公里路程徒步下来，常常还不到早上 8 点的上班时间。

这就是一个学者的严谨，任何一个技术项目都不能有任何的松懈，小到锅炉供气，大到技术开发，季克良的心里都有一本账。

1993 年，随着茅台酒厂贯彻 GB/T 1990–ISO 9000 国际标准，季克良集 30 年的研究成果，组织编写了茅台酒厂《质量程序文件》及《质量管理标准》，作为茅台酒生产初步步入科学化轨道的一个重要标志，这两个文件立足于既告诉职工"怎么办"，又让其透彻了解"为什么这样办"，使企业质量管理真正实现了历史性的飞跃。

而他个人也接连荣获国家级有突出贡献的中青年专家称号、全国"五一"劳动奖章、全国绿化奖章先进个人、全国 500 名最大企业创业者、全国劳动模范、中国商界十大风云人物等殊荣。因这些突出贡献，他被批准享受国务院特殊津贴，并当选党的十五大代表。

运筹帷幄夺市场

如果说满头银丝、渊博儒雅的季克良是位标准学者的话，那么在市场上，他决不愧为一个雷厉风行的企业家。竞争是人生永恒的话题，而挑战更是他生活的主旋律。

"堆积发酵应老点好"是"初生之犊不畏虎"对权威的挑战；"高温制曲，高温堆积，高温入池，高温接酒"与"轻水分入窖"理论更是对常规的一个挑战。

20 世纪 90 年代中后期，以葡萄酒为主的果酒生产异军突起，各地不断争上此类项目，一时间，白酒似乎成了人们言谈中的弃儿。许多小型白酒厂都摇摇欲坠，他们把希望的眼光都投向他们的龙头老大——国酒茅台。

好个季克良！在困境面前他沉着稳定，悉心钻研，不失时机地提出"茅台酒同样具有与葡萄酒相近的酚类等物质"的观念，并发出"重视民族白酒优秀遗产"的呼声，其"酒业发展要讲辩证法"的论点更是掀起一股新的争论浪潮。

市场有了，生产规模就得齐头并进，可是在此之前，这个规模一直保持在很低的水平——从季克良进厂到 1978 年，整整 10 年，茅台酒产量仅仅由 200 吨提高到 1000 吨，到 1983 年，也不过 1200 吨。一方面是国酒佳酿大受海内外消费者欢迎，另一方面却是生产能力远远难以满足消费者需要，强烈的反差引起了他深沉的思考。

那个时候，商品经济正从历史潮流中走出来，刚刚萌发出新芽，尽管作为一个牵动人们神经的特殊企业，茅台酒厂浓重的计划经济色彩仍没有任何触动，但季克良还是敏感地意识到，不能完全无视时代前进的脚步，在总结完善传统工艺、注重质量的前提下，茅台酒的产量应该有，也能够有一个大的提高。

1983 年 11 月，他出任厂长。第二年，他便和厂里领导共同研究推出了 800 吨茅台酒的扩建计划，使生产能力达到 2000 吨。

随着市场气氛的日渐浓郁，国内各名优白酒厂家纷纷大上规模，大有把茅台甩在后面的态势，目睹此情此景，季克良又为茅台酒生产规模的进一步扩大而奔走呼吁。

1991年，他再次出任厂长，当时正值"东方风来满眼春"的解放思想的大潮。第二年，他和厂里其他领导共同研究，使茅台酒新的2000吨95扩建计划又开始启动了。有了量的扩张，国酒的金字招牌又多了一层坚实的支柱，可世界是发展的，每时每刻万事万物都存在玄机，只有把握支点，随事物的发展规律而发展，才能立于不败之地。因此，作为企业，只有在不断拓展、开发中，才能永远朝气蓬勃、富有活力。

数十年，勤劳质朴的茅台人一直习惯性地守着茅台酒这个单一产品，谨慎地支撑着这一金字招牌。但是，随着市场经济的发展，驰骋市场多年的季克良逐渐感觉到产品及产业结构如果不向横向层面发展，路就会越走越窄，而且，一个王牌企业不用多条腿走路，其巨大的品牌效应就无法得到充分发挥。

突破传统是要承担风险的，但是季克良想到的只是茅台威名的树立，他披荆斩棘，迎难而上，把巨大的精神压力转化成前进的动力。

一个新的战略思想形成了，一个新的跨世纪神话从此开始演绎。

"一品为主，多品开发，一业为主，多种经营，一厂多制，全面发展"，茅台"航空母舰"开始出台。20世纪80年代茅台先后推出两种酒度的低度茅台酒，接着又快马加鞭，相继开发出茅台威士忌、贵州醇、茅台醇、贵州特醇、九月九的酒、茅台春等多种香型、酒度、层次及价位的产品。一时间，一枝独秀的茅台花园里，显现出了百花竞开的繁盛局面，并因而赢得了更多市场空间。

新的突破成功了，季克良又为茅台添上瑰丽的一笔。而今茅台不仅占据了国宴大庆桌子，而且走进了普通老百姓的家中。大江南北到处飘着来自赤水河畔的酒香味。

历史是辩证的历史，一个成功的实现也将意味着新的挑战。

1998年，由于人们消费习惯的改变、白酒产量总体过大等因素，全国白酒行业市场情况呈现了总体下滑趋势。1998年1月至7月，茅台酒全年销售任务只完成33%。

河还是那个河，酒还是那个酒，但前所未有的困难却突然而至，根子到底在哪里？关键时刻，茅台酒厂集团领导班子进行了调整。一次次决策会议上，季克良与公司总经理等班子成员展开了热烈的讨论，最后得出的结论让人并不乐观：排除宏观因素不说，就企业内部原因而言，还是在于上上下下思想解放不够，观念还没有真正转变到市场经济的要求上面来，整个动作方式、思维模式实际上依然处于计划经济的观念。如果这种自以为"皇帝女儿不愁嫁"的状态没有及时做出根本的改变，企业的未来将会非常危险。

然而，要突破数十年根深蒂固的惯性，谈何容易。季克良决心从自身做起。他亲自带队进行市场调研，马不停蹄地跑遍了全国许多有代表性的地方。一方面为自己"洗脑"，吸收新鲜气息；另一方面是在寻求突破口。稍后不久，他和总经理等领导班子经过仔细研究，一系列大气魄的面向市场的举措便在茅台酒厂集团陆续实施了。

首先，是大力充实营销队伍，在全厂范围内公开招聘了17个营销员。经过一个月的培训，迅速撒向全国各城。至今，想起当时季克良等公司领导百忙中亲自为大家上课的情景，营销员们仍心绪难平。这，成为他们奔波市场的极大动力。紧接着，集团就破天荒地在全国十大城市开展了多种形式的促销活动。季克良等领导带头出现在商场、专柜，亲自宣传自己的产品，一下子拉近了与消费者的距离，效果极佳。

又一条大路铺开了，茅台的订单纷至沓来。"该出手时就出手"，人们再一次清楚地看到了季克良儒雅的外表下蕴藏的能量，那是一个现代企业家特有的魄力和睿智。

登高远望展未来

千万年，苍山无语。

千万年，赤水河流淌不息。

在人类跨入又一个新千年之际，中国的经济建设正在超越一个个神话，随着

27

一座座现代化厂房拔地而起，一个个神话层出不穷，茅台也在谱写着新的诗篇。

神话是什么，神话意味着创造、意味着开拓、意味着把一个个难以想象的奇迹变为现实。

茅台是个神话。她的出现和诞生本身就是一个神话，这个世纪她的繁荣将不再是个神话，也可能是个新的神话，之所以不是神话，是因为她的神秘已被季克良和茅台人打破；可能是新的神话，是因为季克良和茅台人正在创造新的神话。

跨世纪的探索，跨世纪的耕耘。

21世纪季克良和茅台将会怎样？21世纪，将是一个令人幻想的世纪，也是一个令人陶醉的世纪，正如他们自己挥笔写下的那样：

茅台的酒醉人，茅台的人醉人，茅台的山也醉人，茅台的水更醉人。

醉了秦皇汉武，醉了唐宗宋祖，醉了李白杜甫，醉了文人墨客。

醉了历史、醉了伟人，醉了中国、醉了世界，醉了昨天、醉了今天，将来还要醉，明天更醉人。

（本文发表于《城市技术监督》2000年第10期）

用茅台文化成就自我

——记茅台技术开发公司党委书记陈孟强

顾 彤

现任贵州茅台酒厂技术开发公司党委书记的陈孟强从事茅台酒酿造与研究已经30多年，先后担任过制酒班班长、车间主任、茅台酒厂扩改建800吨／年投产领导小组组长、生产技术处处长、企业管理部主任等职。在30多年的工作历程中，他在专业技术上精益求精，在不同的岗位上取得了显著成绩。在长期工作实践中，陈孟强对茅台酒生产技术勇于创新；在工艺实践中大胆改革；在质量效益上成绩斐然；在企业文化建设上开拓进取，为茅台酒厂各个历史时期作出了应有的贡献。

1988年，针对20世纪80年代中期茅台酒生产停滞不前，乃至完不成国家生产计划的严峻局面，陈孟强被领导安排担负起了茅台酒厂扩改建800吨／年投产领导小组组长的重任，指挥800吨／年的投产工作。在投产准备期间，为了继承茅台酒传统工艺，又要确保投产质量，则对其工艺大胆创新，提出了"不同区域环境对茅台酒生产影响的探索""茅台酒窖池改造的方案""茅台酒投料水分的适当应用""茅台酒用曲比例的合理配制"等课题，经过边实践边探索的努力，取得了前所未有的成效。创造了茅台酒厂新投产厂房当年实现优质高产的硕果，为"八五"计划新增2000吨创建了工艺、设备、生产等良好的开端，更为实现茅台酒生产10000吨夯实了基础。正如《贵州茅台800吨／年工程竣工验收报告》里所述"由于茅台酒目前还是采用传统工艺生产，选用的机械设备少，主要设备是窖池，因此窖池的质量直接影响到茅台酒的质量。根据长期生产摸索的经验，大胆地改进了窖池的砌筑结构和筑窖方法，经过生产的考验，证明是成功的"。陈孟强说："通过实践，比较深刻全面地认识了茅台酒传统生产工艺，例如在生产车间的酒窖制作方面，为了有利于酒醅入窖发酵，保证产酒的质量，提高出酒率，在认真总结老车间酒窖制作的基础上，大胆设想，采用了窖池密封和预培养微生物的方法。保证了酒窖的密封性能，经过投产后的实践，取得了良好的效果，为今后的酒窖制作工艺提供了经验。"

1989 年，陈孟强正式担任四车间（原 800 吨工程）主任兼党支部书记，他认真研究茅台酒生产工艺，认真分析茅台酒生产操作规律，进行多种实验均取得了成功。特别是在"用曲比例的实验""小堆集发酵""合理投入水分""窖内温度变化的控制""如何提高二轮次酒产量"等方面作出了不懈的努力，开创了确保实现优质、高产、低成本的先河，为茅台酒厂的扩建、壮大打下了良好的基础。1989 年度共生产茅台酒 439.887 吨。产量、质量均超过厂部下达的计划指标。1990 年产酒 753.56 吨，超计划指标 9.07 吨。1991 年度生产茅台酒 877 吨，达到设计能力的 109.6%。1992 年度生产茅台酒 1032 吨，达到设计能力的 129%。1993 年产酒 1002.97 吨，超产 170.90 吨。经过 5 年的试生产共产茅台酒 4105.37 吨，超产 637.57 吨。5 年归还全部贷款，相当于重建一个 800 吨 / 年的生产规模，投放市场后可提供年税利总额 2.33 亿元（按 1992 年销售价计算）。时任总工程师、厂长的季克良曾对他这样评价："该同志任职以来对茅台酒 800 吨 / 年工程一次投产成功和连年创优有重要贡献，在酿酒领域有开拓性成就。用理论指导实践，对茅台酒厂不同地域环境的微生物生长通过主观努力用科技手段使微生物适应生长，从而为茅台酒生产创造了有利条件。此项成果得到同行公认。提出和主持了 800 吨 / 年窖池改造工作，提前完善了茅台酒生产的必备条件，稳定提高了茅台酒质量。此项成果受到有关专家及厅、厂领导认可，并为 2000 吨 / 年扩改建工程投产应用。对茅台酒生产的传统工艺，在继承的基础上，以严格的科学态度不断总结、创新，为茅台酒的优质、高产、低耗探索出了一条道路。主持四车间工作期间，使茅台酒产量连续 5 年共超产 600 多吨，为开创本厂国家、集体和个人的收入一年一个新台阶局面奠定了坚实基础。并善于培养人才，重视人才，为茅台酒生产任务做出了比较大的贡献。"

1998 年，陈孟强调任企业管理部，全面负责全厂企业管理工作，任职期间主持了"人文茅台、科技茅台、有机茅台"的创新，完成了"环境、绿色、有机"三大体系的认证工作，同时为申报国家质量管理奖的初始文件拟出了具体的方案，为获取国家质量管理奖奠定了基础。1999 年，茅台公司领导提出：走"绿色茅台、科技茅台、人文茅台"的发展道路。他带领员工经过不懈的努力，从茅台酒原料——高粱、小麦入手，与地方政府合作建立茅台酒原料基地，并按照世界通行的有机原料基地建设和种植操作规程进行原料的生产。在茅台酒生产过程中，也严格按照有机食品加工操作规程进行生产和包装。经过艰苦的努力和严格的管理，茅台酒系列分别于 1999 年、2001 年获得了绿色食品和有机食品认证，走上了绿色、有机发展之路。

2002 年 4 月，陈孟强出任茅台技术开发公司书记、副董事长、副总经理后，和新领导班子加强了各项建设，推动了生产、经营等各项工作的顺利完成。陈孟强提出"情、商"原则和"诚信为本"的经营理念，对营销员实行经济责任制，即所谓的"服务营销"，开展以顾客为导向的"卓越绩效"模式，做到顾客心动，我们行动。在满足客户需求时进一步做好售前、售中、售后服务。做到"三声"（来有迎声、问有答声、去有送声）、"五到"（身到、心到、眼到、手到、口到）、"六心"（贴心、精心、细心、关心、耐心、热心），为客户提供超值服务，使顾客成为永远的回头客；搞好个性化营销，对客户一视同仁，不厚此薄彼。由于实行了工资与绩效挂钩，当年营销工作取得了新的突破，实现销售收入 7100 多万元。这一系列举措，使公司效益连续 3 年平均每年以 1000 万元的速度增长。2003 年由于受"非典"影响，食品业遭遇重大挫折，当年公司销售收入下跌了 1000 多万元，但还是保证了 1500 多万元税金上缴。2004 年初公司又重新调整了经营战略，以"发展、创新"为主题，服从和服务于集团公司的整体战略，坚持以人为本，以加快发展为主题，以提供优质服务为宗旨，转变思想，发展创新，将公司经营管理工作提升到一个新的高度，销售收入恢复到 8500 多万元，同比增长 12%，上缴税金 1730 万元，同比增长 13%。

31

任开发公司书记以来，他一如既往地贯彻集团公司党委、董事会的方针目标，服从和服务于集团公司的整体战略。坚持以人为本，以加快发展为主题，以提供优质服务为宗旨，转变思想，开拓创新，将公司文化提升到一个新的高度。他为国酒事业奋斗了一辈子，始终以传承国酒文化为己任，工作兢兢业业，勤勤恳恳，认真严谨，尽职尽责，有着强烈的工作责任感，在工作中积累了丰富的实践经验，在本职岗位上取得了一定的成绩，为公司的发展做出了突出贡献。

今年，公司领导班子进一步解放思想，以创新求发展，用创新观念引领公司进一步发展，坚持服务理念，提高服务意识，稳固了各项基础工作；坚持培训工作，"不仅要求学历培训，更注重能力培训"，不断地补充和更新血液，为公司的发展奠定了良好的人才基础，加强了公司的企业文化建设，通过报刊、电视等各种媒体将公司"诚信、进取"的企业文化精神加以宣传，在这方面取得了可喜的成绩。今年，茅台酒的产销量进一步扩大，目前，公司总资产过亿元，财务状况良好，生产经营稳步增长。默默耕耘的陈孟强为国酒事业无私奉献，30 载春秋是他无悔的选择。

（本文发表于《中国企业报》2006 年 12 月 12 日）

图 1-6 中国企业报记者顾彤（右一）与陈孟强（左）

茅台酒厂六四、六五年周期生产初步安排意见

为确保茅台酒质量，在逐步恢复原有工艺操作过程中，按"重阳下沙、端阳丢糟、伏天踩曲"的生产工艺季节要求，自1963年10月12日下糙沙投料起，至1964年8月28日丢糟完毕止，我们顺利地完成了1963—1964年周期生产工作。

1963—1964年度周期生产工作，是按照党的八字方针，在中央、省、地、县各级党政领导的亲切关怀下进行的，由于遵循了领导指示办事，以往产酒不稳定的局面在根本上得到了扭转，全周期产酒192吨，产品合格率由原来近几年的平均30%稳步提高到67.40%（其中能按几种基本味勾兑出厂的约占30%），逐渐恢复了醇香浓郁的独特风格，理化指标也全面达到厂定标准。

围绕茅台酒生产质量这一中心，生产工作的各个方面取得了明显成绩，在技术操作上，逐步明确了"质量第一"的生产方针，各工序环节提倡精工细作。在思想统一的基础上基本做到了"指挥、操作、配料"三统一，酒师之间的团结合作有所增强，结束了过去在操作上"八仙过海，各显神通"的混乱状况。此外，通过工作，对全厂与质量有关的库存质量情况、制酒设备（主要是窖）性能、技术力量分布进行了全面摸底。在企业管理上，开始建立和逐步健全有关规章制度，如验收保管的改进、技术管理的岗位责任制逐渐形成、对产品的定期评尝研究等制度，都对提高质量起到了直接促进作用。一周期来，干部参加劳动的风气基本养成。管理和生活后勤工作细化深入到车间、班组、辅助部门，不仅保证了动力水、电供应，还从根本上解决了茅台酒的清洁用水问题。在进行正常生产的同时，我们还安排力量进行了科学试验和产品标准制定工作。

但在工作中，由于学习效果差，一周期以来，工作上还存在一定问题，表现在企业现状仍然是质量低、工效低、成本高，这是企业管理上的根本问

题。没有真正认识到质量的好坏，还不能很好地围绕质量中心来工作。部分同志在思想上，还不承认"质量不稳定"这样一个客观事实，错误地以政治酒的招牌到处要东西，对群众反映闭目塞听，因而在质量上出酒轮次、班组不够平衡，酒度过高。产品合格率虽较以往几年有所增长，但据反映香味不够长，仍比 1958 年前差。设备事故多，管理体制还不完全与生产相适应。这些问题反映在年度成本上，今年成本预计高达 559 元 / 吨，比计划提高 23.56%、比 1963 年提高了 14.73%。归根结底，工作中存在问题，主要是由于忽视了人和物的因素，没有充分调动与发挥一切人和物的积极作用。

当前，国内外形势大好，1965 年是国民经济调整时期的关键年。为了在我厂深入扎实地开展好以质量为中心、以"五好"为目标的增产节约运动，促进"两赶三消灭"的实现。为了提高茅台酒质量，降低生产成本，提高管理水平，降低燃、材料消耗，以更好地满足国内外市场要求，让茅台酒香遍全球。遵循党的"调整、巩固、充实、提高"八字方针指引，茅台酒质量通过 1963 年的整顿，如何完成 1964 年的改进和争取 1965 年的更大提高？最近我们召开了各种不同形式的会议，在对上一生产周期进行总结的基础上，对 1964—1965 年周期生产工作，做如下安排：

任务要求：

一、产酒 200 吨，全都安排用老窖老设备进行生产。

二、茅酒销售 80~100 吨，内外销各 40~50 吨、外销中考虑部分半斤和四两装，包装用材计划，按 150 吨工作安排。

三、以 1957 年产酒为标准，组织力量，从目前开始工作，按省委指示、提案做一些较好的酒，要求"室内开瓶，满屋生香"。做出后，进行全面总结。拟定做茅台酒样品标准。此外，保证产出 1965 年度用酒 10 吨特需酒。

四、发电 33 万度（不包括 350 瓦电站）。

各项工作质量指标：

一、在 200 吨产酒中，正品合格率达到 60%，即出 120 吨真正茅台酒。在正品酒中，对几个基本味的要求是酱香味 50%、窖底味 30%、醇甜味 20%。

中华人民共和国	部 标 准	Q.B.
輕工业部	茅 台 酒	

本标准适用於以小麥制曲，高粱为原料，經多次固态發酵蒸餾，再經貯存，勾兑而成的茅台酒。

一 技術要求

1.1 对主要原料質量的要求：

(1) 高粱（粳高粱）

① 感观指标：黄褐色不带有青白色；顆粒堅实一致均匀肥大；无虫蛀、霉烂、夹杂物；种皮薄、子粒断面呈玻璃状。

② 理化指标必須乎合表一的規定。

表 1

指标名称	規 定
1. 水份（%）不大於	1 3
2. 淀粉（%）不小於	6 0
3. 糖份（%）不小於	1·2
4. 单宁及色素（%）不大於	0·1

(2) 小麥：

① 感观指标：淡黄色，粒端不带褐色，形状整齐，顆粒堅硬飽满，无虫蛀、霉烂，夹杂物；麦皮薄，麦粒断面呈粉状。

② 理化指标：必須乎合表 2 的規定。

貴州茅台酒厂 提出	1 9 年 月 日批准試行

图 1-7 茅台酒部标第一页

二、产酒酒度要求在 55 度 ~58 度，出厂酒度按 55 度左右勾兑。此外，产

35

酒要求消灭苦味，大大减轻糊味、涩味和其他怪味。

三、按老操作要求，仍然取第七次酒。但必须符合"两头小、中间大"的出酒规律。为此，下（糙）沙蒸粮时，要求粮食的热软程度是40%，粮食消耗按3:3:1（高粱:小麦:酒）控制使用。

四、制酒时，对几种颜色曲药的比例要求：金黄曲在70%以上，白曲控制在20%以内，黑曲不超过10%，但仍混合使用。

五、动力：要求安全运转，保证用电，消灭大事故。

六、保管：对正次品要求分味、分库、分层存放。要求对各品类建账、建卡，并做到账实相符。正品酒用罐单独记重，另加竹签。

七、酒罐入库前，进行分级选用：3年损耗合计在20斤以下，为一等罐。损耗在20~40斤为二等罐。损耗40斤以上的为三等罐，按等级酌情选用。

八、包装要求打酒不少称，销售不漏酒。打酒耗损在2%以内，酒瓶出厂使用合格率在90%以上。

九、全厂财务成本每吨酒要求控制数：1965年4883元，比1964年降低12.66%。在此基础上，今后再逐年降低，1966年为4000元比1965年降低18.1%，1967年为3700元比1966年降低7.5%。

十、劳动生产率：实物劳动生产率全员按0.7吨/人酒计，不包括电站按0.9吨/人酒计。产值劳动生产率不包括电站及科学试验全员按664元/人计算。出酒率，全厂平均92%，其中：制酒要求达95%，包装在80%~85%。定员编制：全厂按350人计算；非生产人员比例：干部占8%，服务人员占5%，合计13%，但目前暂按干部占10%，服务人员占8%过渡。

十一、各职能科（室）建立健全管理制度。特别是供销采购人员要做到"六不买、四不提"。"六不买"即无计划不买、超计划不买、品种规格不符合不买、质量不好不买、价格贵不买、企业内能调剂的不买。"四不提"即不亲眼见货不提、质量不符不提、规格型号不符不提、不合合同规定不提。

十二、全厂进行艰苦工作，通过1965年、1966年试验，争取在1967年达到1957年的生产水平，跻身世界前两名。

生产方向进一步明确。由于领导重视和职工努力,在当前的工作中:粮食供应品种上,按目前掌握的情况,陈粮约占33%,新粮约占67%,新粮成分上虽较上期稍差,但比以往几年大有提高。按工艺要求,基本上抓住了生产首节。全面恢复"三老"传统,清洁水有了保证,老窖老设备都得到充分利用。此外,充分地总结了上周期生产情况,从中吸取了不少技术、操作、质量上的经验教训,以作借鉴。这些在客观上给下步生产提供了不少有利条件。为保证上述任务指标及要求的顺利实现,在工作中拟采取以下措施:

一、在企业中认真执行和贯彻"依靠党、团员,依靠老工人,依靠先进生产者"的方针,带动全厂职工,围绕茅台酒质量进行自觉革命。用革命精神指导实践,努力提高茅台酒质量,刻苦学习和掌握技术资料积极研究,改善经营管理,降低成本,集中一批力量,以蓬勃的革命热情和冷静的科学态度,探索和掌握茅台酒生产规律。

二、深入开展学习毛主席著作,针对厂内各项工作的各个不同问题,对照学习,用毛主席思想指导工作实际。干部定期轮流深入班组参加生产劳动。

三、进行经常性的质量教育,以社会主义"质量第一"的思想观点,使全厂职工懂得,对待茅台酒质量的态度,实际上是党性强弱的质量标志。让"质量第一"的思想、口号、决心家喻户晓,深入人心。对待质量必须"严"字当头,必须严肃、严格、认真、慎重。坚持高标准,反对凑合马虎,要求做到:

(一)厂部下计划标准,以质量为主。

(二)严格按国家规定的质量成本进行生产。

(三)厂部检查计划执行情况时,首先检查质量指标并把质量、成本、技术、消耗结合起来。

(四)凡生产不合格的酒不算产量(下粮投料仍按200吨考量),但凡有借口质量而忽视国家计划的,必须予以反对。

(五)茅台酒生产和检验按高标准要求,严格质量检验,不合格的原材料不准进厂,不合格的酒不准出厂。

四、针对薄弱环节，建立健全有关规章制度。

（一）在全厂统一制定各工种工序的质量技术标准。

（二）健全全厂动力设备的检修维护保养制度，明确责任，苦练基本功，坚决制止设备带"病"运转。

（三）教育职工，严格操作纪律，反对麻痹大意，大小事故要认真分析和处理，接受教训，做好记录。

（四）各班、组配好质量检查员。对质量检查员的要求：政治可靠、业务熟悉、正直无私、忠诚负责、敢于斗争。检查员工作岗位固定5~10年不变，变动需经厂长批准。

（五）加强劳动力管理和整顿，及时做好平衡调度工作。建立干部和工人的岗位责任制，调动积极因素，苦练基本功，要功夫过硬。

（六）把质量同增产节约、安全生产结合起来。以质量为主要评比条件，建立合理的奖励制度。

五、以"五好"为目标，在全厂轰轰烈烈扎扎实实地开展好比、学、赶、帮的增产节约运动。"五好"企业必须贯彻好"质量第一、增产节约"的方针。

六、为便于工艺安排，在生产方式上采用单班生产轮休制，不按常规例休，以保证操作质量。

七、按新的生产任务，学习外地先进经验，改进管理体制。在厂内，除动力尚待研究外，其余部分实行两级管理，如厂部—班组。建立正规的工作和劳动制度，在每周中统一安排干部学习时间1天，劳动时间2天，工作时间3天。把科室后勤工作做到生产第一线。

八、加强财务成本和计划管理工作，抓好电站、科研、外销、小包装的独立核算。

九、做好几个具体问题的安排：

（一）当前加派力量，按计划把粮食调运抓死、抓彻底。今年重阳，新粮不能全都收进厂，为保征下沙和可烤感适当使用部分陈粮，但要求颗粒饱满，并且要簸干、剔净，不霉、不潮、不蛀虫、不变质。

（二）加强技术管理，以副厂长李兴发同志、工程师杨仁勉同志为首，全面负责技术领导。组织各班组酒师，建立起全厂的技术管理系统，并健全各项技术管理规章制度。

（三）在组织好燃料供应的同时，在全厂范围内抓好煤的节约工作。搞单位单独管理，积极推广生产上一切行之有效的省煤措施。

（四）生产中集中使用老窖、好窖一点不动摇。要抓好质量，还必须做好分窖分次出酒的保管存放工作。

（五）动力方面要建立一个完整的运行、供电、检修体系。锻炼独立作战能力，做好全厂性的负荷调整，建立设备档案和检修制度，保证水电供应，抓好电费收入。

（六）抓好包装及库用材料的使用，着手进行内销玻璃瓶的试验。在现有库存的"废"瓶中，可选部分不漏的用于内销。酒罐3年不增加，将现有的调整使用。此外，在厂内外，进行一次麻袋清理，利用现存木箱板做好木箱的加工改装工作。

（七）抓好现有几个食堂的管理工作，要求逐步稳步提高管理质量。抓好房屋检修工作，进行适当的住房调整。

（八）合理安排利用土地，建立高粱的生产试验基地。

（九）对供销、财务人员进行政治、业务教育。加强材料管理，抓好全厂各附属单位的"小当家"清理工作。

（十）从本周期中期（即1965年5月）开始安排力量，着手下一周期的原燃料下（糙）沙准备。

我们深信，有各级领导的重视，有全体职工积极努力地团结在党委周围投入工作，有各兄弟部门、单位的大力支持，新的生产任务定能顺利完成。

【本文为当年《贵州省茅台酒厂六四—六五年周期生产初步安排意见》，作为历史资料，写于1964年10月26日】

1964年10月26日

第一部分　茅台的前进之路

一九六五年第一次酒工作总结报告

贵州省轻工业厅：

为了提高茅台酒质量，1965 年茅台酒生产 200 吨任务是按照"重阳下沙，端阳丢糟"的传统操作习惯来安排生产的，全部用一车间老设备投料，但由于红粮供应不上，故采取分批分期下料，即一、二班是 1964 年 10 月 12 日下沙；三、四班是 10 月 18 日下沙；五、六班是 11 月 1 日下沙。因此烤酒时间均不一致，6 个班第一次酒于 1965 年 2 月 9 日全部结束，共烤酒 1581 斤，共产酒 67067 斤，平均每甑 42.4 斤，正品 65.84 斤，生产合格率 98.1%（合格率前两次高，后几次下降），比 1964 年一次酒合格率 83.6%，提高 14.5%，在合格品中：酱香味 25.73 斤占 39.1%，窖底味 5.31 斤占 8.1%，醇甜味 34.8 斤占 52.8%。其各生产小班的具体情况如表 1-1、表 1-2、表 1-3 所示。

表 1-1 1965 年第一次酒生产情况

班别	投料数（市斤）	共计数	共产酒	平均数	开烤时间	结束时间	共用天数
1	234804	300	12198	40.7	12 月 16 日	1 月 19 日	35
2	234400	304	12328	40.6	12 月 16 日	1 月 19 日	35
3	245000	319	15786	49.5	12 月 23 日	1 月 24 日	33
4	245000	344	13862	40.3	12 月 23 日	1 月 24 日	33
5	119200	154	5871	37.2	1 月 6 日	2 月 9 日	35
6	120000	160	7022	43.9	1 月 6 日	2 月 9 日	35
合计	1198404	1581	67067	42.4			

表 1-2 1965 年第一次酒质量情况

班别	正品（市斤）	占 %	次品	占 %	平均
1	12198	100	0	0	61.2
2	11907	96.5	421	3.5	60.2
3	15435	97.7	351	2.3	60.4
4	13513	97.4	349	2.6	59.5
5	5761	98.1	110	1.9	59.1
6	7022	100	0	0	57
合计	65836	98.1	1231	1.9	

表 1-3　1965 年第一次酒各口味占比情况

班别	酱香味	占 %	窖底味	占 %	醇甜味	占 %
1	5126	42	1500	12.2	5572	45.8
2	5040	42.3	1522	12.7	5345	45
3	5702	36.9	352	2.2	9381	60.9
4	6462	47.9	1168	8.6	5883	43.5
5	1495	25.9	385	5.1	5881	69
6	1903	27	386	5.4	4733	67.4
合计	25728	39.1	5313	8.1	36795	52.8

第一次酒经检验评尝结果，一致认为今年一次酒香味较浓，甜味较长，口味较正，比近几年有所好转，如酱香味 1964 年不到 10%，今年高达 39.1%，窖底味 1965 年比 1964 年增大一倍以上，同时今年第一次酒中酸味、辣味较轻，怪味少，和以往一次酒比较有所好转。取得上述好成绩的主要原因如下：

一是我厂社会主义教育运动，从 1963 年 5 月开展以来，职工政治思想觉悟均有一定提高。在企业中依靠党团员、老工人和先进生产者以后，职工的生产积极性被激发起来了，"质量第一"的思想已在广大职工群众心中扎根，因而在工作中出现了群众关心生产、关心质量的良好风气，在操作上做到了精工细作，对违反操作的行为，职工们也能勇于斗争和相互监督，从而促使生产事故减少，杜绝了制酒上出黄酒和不出酒的现象，在动力上扭转了停电事故频率高、机器损坏较多的现象，保证了生产的顺利进行。

图 1-8　厂领导检查制酒工作

二是坚决恢复老操作。首先，1965 年生产周期的安排上是按照"重阳下沙、伏天踩曲、端阳丢糟"的传统操作季节来安排的，同时全部安排在一车间的老设备中进行生产，这给提高质量带来有利条件。其次，在操作中坚决按照老工艺、老配方行事，并固定岗位，安排酒师亲自摘酒，在上甑上选有经验的上甑能手固定上甑。在记录上也是固定人员，在技术操作上由酒师指导。全厂由技术厂长统一指挥，因此在1965年下糙沙和烤一轮酒的生产中，技术操作基本上是统一的，扭转了前几年"各持己见、各自为政"的不良倾向，这给提高质量打下了良好的基础。另外，严格工艺操作规程，在操作中做到精工细作，按部就班。今年由于制酒人员充足，出勤率高（如1月份就是96%），因此酒糟翻糙均匀，上下窖及时，在实际经验和科学仪器结合上也比往年好，除此以外还积极推广外地先进经验，如加厚封窖泥、糠壳封窖，这样不仅保持了窖不裂口，同时还保持了窖内温度，从而扭转了窖面1~2甑不出酒的浪费现象，出现了甑甑出酒、出好酒的新气象。

图1-9 茅台酒部标封面

42

三是干部参加劳动，发现问题及时解决。在1964年下半年以后干部参加劳动基本形成制度，由于管生产的干部参加制酒生产劳动，加之实行两级管理制度以后，领导亲自抓到第一手的资料，生产上存在的问题能及时得到发现和解决。在今年生产中则先后解决了4个关键性的问题，如粮食软硬问题，发现粮食太软，随即召开会议，采取缩短蒸粮时间2~2.5小时解决；发现放曲相差太大，随即召开会议，统一认识后，作出了放曲标准；发现浓度太高，不符合

Q.B.	茅 台 酒

表2

指标名称	规　　定
1.　　份（%）不大於	1 2
2.　淀粉（%）不小於	6 2
3.　糖份（%）不小於	2・0
4.　且白質（%）不小於	1 2

②成品感观指标必须符合表3的规定。

表 3

指标名称	规　　定
1.　　色	无色透明，无悬浮物、混浊沉淀。
2.　香	具有本品固有的芳香。
3.　味	具有醇和浓郁，味长回甜之特点。

3.成品理化指标必须符合表4的规定。

表 4

指标名称	规　　定
1.酒精度20°C（容量%）	5 4—5 6
2.总酸（g/100ml.）以乙酸計不大於	0・1 7
3.总脂（g/100ml.）以乙酸乙酯計不小於	0・2 9
4.总醛（g/100ml.）以乙醛計不大於	0・0 6
5.甲醇（g/100ml.）不大於	0・0 3
6.杂醇油（g/100ml.）不大於	0・8
7.固形物（g/100ml.）不大於	0・0 2
8.鉛（mg/1.）不大於	1・0

二　检验方法

图1-10　茅台酒部标第二页

第一部分　茅台的前进之路

规定要求，随即召开会议，研究出降低浓度的有效措施。因此，干部参加劳动不仅能改造思想，同时亦能发现和解决生产上存在的问题，对生产有着促进作用。

四是科学指导生产。茅台酒是由酱香、窖底、醇甜三种香味组成的，在这三种香味中窖底香和酱香需求量较大，但产量少，以往生产这种香味均是采取"摸黑路"办法，得不到正确答案。在1965年生产中由于上级领导的重视和关怀，在中央轻工部食品局的具体领导下，组成了45人的"茅台酒试点工作组"，对茅台酒进行科学分析，初步摸索出了三种香型的菌种和来源，并采取边科学分析边结合实际生产，及时召开技术会和"三结合"会议，指出技术上应注意的问题，提出改进意见，这样对生产起到了指导作用。

五是加强了产品检验。为了保证茅台酒质量，在本周期生产开始以后，对技术组织进行了整顿，重新建立了"技术委员会"和"茅台酒鉴定委员会"。经常召开会议，对生产上存在的问题及时进行研究和解决，如第一次酒最突出的是酒精浓度太高从而导致对今后出产标准不符，技术会研究后决定为56度~58度，致使生产班的工作方向明确。另外在质量鉴定上严格认真，凡出厂酒都经"鉴定委员会"评尝鉴定，达不到标准坚决不准出厂。对生产的酒采取逐罐验收，正、次品严格划分，分库存放，由于检验工作严格，因而促进了各生产班组对工艺操作和摘酒非常注意，生产工作大有改进。

在第一次酒中虽然取得一定成绩，但仍存在不少问题：首先是质量不够平衡，一、二、四班较好，三班较次，五、六班更差，没有一个班达到质量要求（即酱香味50%、窖底味30%、醇甜味20%），大部分生产班都是醇甜味较多，酱香味较少，窖底味更多。虽然第一次酒合格率是98.1%，但如果按三种香味比重勾兑只有17700多斤能勾兑出厂，只占正品的27%。其次是技术水平低，技术没有群众基础，少数班在技术指导上忽左忽右，时高时低，窖与窖出酒质量不够平衡，有的酒师还不知道是什么原因产生的。在温度上和粮食软硬上掌握不够一致，因此出酒量相差较大，高的每甑达80~90斤，低的少到10

斤以下。另外在管理上跟不上生产发展，科室职责范围不明，解决具体问题不够及时。在动力上有一号锅托机大修，二号锅托机带"病"运转的情况；电力供应上尚感紧张。上述问题有待今后研究改进。

以上报告是否有当，请指示！

【本文为《贵州省茅台酒厂一九六五年第一次酒工作总结报告》，也是该年贵州省茅台酒厂上报贵州省轻工业厅的第一份文件材料（〔65〕黔茅生字第001号）】

1965 年 2 月 16 日

抄报：厂党委、工作队

抄送：试点组、生产科、检验科

茅台酒厂集团公司历年管理成果报告

（截至 1997 年）

一、企业概况

中国贵州茅台酒厂（集团）有限责任公司是一个历史悠久的企业，中华人民共和国成立以来，经过改、扩建和建立现代企业制度，已成为现代化的国有特大型企业，现有职工 3440 人，生产能力 4000 吨，1996 年销售收入 50984 万元，实现税利 27109 万元，新产品出口 40 多个国家和地区，创汇 1000 万美元，是我国白酒行业最大的出口企业之一。多年来，我们以提高经济效益为目的，以深入开展全面质量管理为中心环节，以贯彻 ISO 9000 国际标准为中心，积极学习运用现代化管理方法，从而改善了企业素质，提高了科学管理水平。

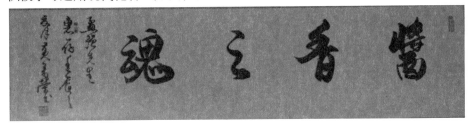

图 1-11 中国将军书画院院长黄万荣中将书

二、项目的提出

茅台酒是国酒，国酒的地位来自悠久的历史、独特的风格和优良的品质，要永保国酒的声誉和地位，并在国内外市场的竞争中立于不败之地，就必须抓好质量管理，保证茅台酒 100% 的合格率。实践证明，传统的质量管理方法已不能确保新产品质量稳定提高以及获取最好的经济效益，例如在推行全面质量管理等现代化管理之前，重视生产进度、轻视产品质量的现象比较普遍，用于管理质量的基本手段是"事后把关"的方法，不能避免生产过程中的返工和浪费，从而造成生产不均衡、管理混乱、事故多的被动局面。为了扭转生产的被动局面，我们从严抓产品质量入手，组织了有全公司各岗位人员参加的"质量大会战""质量考核"等活动，对提高产品质量起了一定的作用。但由于这些方法带

46

有突击性质，在工艺复杂、生产周期长达 5 年以上的茅台酒面前，不免显得单一。缺乏整体的科学管理思想和方法，企业的素质未能得到根本的改善，因此成绩难以巩固。生产不均衡，质量不稳定，经济效益不高的问题仍然存在。

图 1-12 陈孟强在质量大会上发言

随着经济的发展，企业面临质量、效益和潜在的竞争的挑战。白酒行业企业遍布，假冒伪劣产品充斥于市，消费者越来越需要高品质的产品，这样的形势给我们增加了压力，提出了挑战。茅台酒是国酒，目前虽然是独此一家，别无竞争对手，但并不意味着永远如此，将来的竞争是质量的竞争、企业素质的竞争。为了企业的发展和壮大，为及早准备迎接这种竞争而提高企业素质，以适应纷繁变化的外部环境，力争立于不败之地，这是个十分紧迫的问题。通过学习和实践，我们认识到全面质量管理、方针目标管理、价值工程、系统工程等现代化管理方法，这些 20 世纪产生的新科学，是人类智慧的结晶，有力地推动了社会的发展。它们代表了新的管理思想理论、观念和方法，也是一种反映现代化大生产要求的科学的质量管理方法。它将把产品的事后检验变为预防控制，从管结果变为管因素，通过实行改善经营、进行专业技术研究和应用科学方法三者结合开展综合、系统的管理。它涉及对传统管理思想、管理组织、管理方法的调整和变革。由于它们在管理概念的全面性和管理方法的系统性上更为先进，因此决定了它在企业管理中的中心环节地位。由于茅台酒是在一个特殊环境、特殊工艺条件下生产的特殊产品，因此要保证茅台酒的质量，只运用一两种管理方法显然是不可能保证茅台酒质量的，只有根据其特点，以全面质量管理为核心综合运用现代化管理方法，才能有力地保证茅台酒的质量。

三、总体方案的设计

树立质量与效益相统一的经营思想，是企业发展的方向，是提高企业素质和竞争能力的关键。质量，不仅是产品质量，还包括工作质量、服务质量乃至企业的管理质量。以"质量增效益"实质上是通过提高企业整体素质来求效益，走"质量、效益、发展"的道路。对于质量管理，不能只看成一种管理方法，应该深刻认识到它是一种科学的管理体系、一种系统的管理思想。只有用系统工程的观点来推行，抓好企业各方面的管理工作，才能从根本上保证产品质量的稳定提高。"质量立业，质量兴厂"必须是实事求是，从实际出发，从自身实践中探索适合企业自身特点的道路，形成自己的管理模式，只有这样，"质量立业，质量兴厂"的目标才能得以实现。走"质量增效益、求发展"的道路，必须使广大职工，特别是企业的各层领导具有强烈的质量意识，企业运行机制必须高效灵敏，还必须不断加强基础工作，采取各种行之有效的现代化管理方法，花大力气、下大功夫，以坚决的质量信念抓扎扎实实的工作，才能取得切实的成效。在企业不断"继承、创新、发展"的历程中，把重视技术进步、管理进步两个轮子结合起来，相互结合、相互运转，企业才能真正实现加快"继承、创新、发展"的步伐。

在创立《以全面质量管理为核心，综合运用现代化管理方法，永保"国酒"声誉》成果中，我们逐渐认识到，要推行好这个成果，必须在管理思想、管理方式、管理方法和管理手段上来一个根本的转变。几年来，我们在质量工作上，就是以实现管理上的"四个转变"这个基本思路展开的。

第一，在管理思想上，变狭义的质量管理为广义的质量管理。在管理思想上从质量管理的传统观念（局限于产品本身质量的狭义质量管理）转变到对产品生产、销售、使用、服务等全过程的广义质量管理的思想认识上来。也就是转变到以质量好、消耗低为基本保证且有效提高的经济效益上来。为此，我们十分注意把生产和管理的多个部门都动员起来。从提高多个环节的工作质量入手，把产品本身的质量同成本、生产、销售和服务质量结合起来，进行广义的质量管理。在生产过程的质量管理中，我们重点抓住五个环节进行全面管理：

（1）整顿、充实技术基础，实现对生产过程的工序控制。在1260道工序上，有计划地进行"五有"基础建设，做到每道工序有技术标准，有工艺规程或操作指导书，有工艺装备，有检测手段，有原始记录。目前"五有"完整率可达100%，保证了茅台酒生产建立在比较可靠的技术基础之上。加强了工序质量审核，职能部门和各车间都有专兼职技术员对工艺纪律和工艺执行情况进行监督检查，使影响工序质量的"人、机、料、法、环"均处于受控状态，提高了工序质量和工序能力。

（2）加强检验监督，实行严格的质量把关。全公司所属车间设立了4个A级质量控制点、20个B级质量管理点和90道质量防线，进行严格的质量把关和监控。并从原材料入库检验、半成品检验、出厂酒检验建立了严格的质量监督检验制度。建立起86种质量控制记录、卡片和原始凭证，实行程序检查作业，做到严格把关。

（3）搞好文明生产。创造整洁文明的生产环境，是提高产品质量的重要环节。多年来，我们发动全公司职工，狠抓文明整洁生产，治理"三废"污染，改善生产环境。自1988年以来，共投资1000多万元，完成36项环保项目，使"三废"得到根治。厂区花红树绿，是名副其实的花园工厂。同时我们还制定了"文明整洁车间""文明整洁班组""文明整洁部门"标准，开创文明整洁单位活动。

（4）建立了QC小组登记表、课题活动计划表、QC活动动态表、活动检查考核表等管理手段，使QC小组活动逐步达到"三化、四落实"的标准（即组织群众化、活动经常化、方法科学化和组织落实、活动落实、考核落实、成果落实）。使每个 QC 小组做到有骨干、有课题、有计划、有活动、有记录。QC 小组分成管理型和攻关型两种，管理型 QC 小组以提高工序质量能力，保证实现和稳定小组质量目标为内容，开展创优质工序管理的活动；攻关型 QC 小组则以公司和车间方针中的关键课题为目标，开展课题攻关活动。

（5）公司的各项管理工作，都围绕着提高质量、讲求经济效益这个目标来进行。这几年，随着粮、电、煤、原辅材料等大幅度涨价，导致质量与成本之间的矛盾越来越突出。如何做到在保证产品质量的前提下，尽量使生产成本增加不大，这是摆在我们面前的重要课题。为此，我们从管理工作入手，通过挖潜、革新、改造来解决。在物资、资金、生产调度等方面，都切实抓了节能降耗工作。

第二，在管理方式上，变分散管理为系统管理。传统的管理方式注重纵向管理，缺乏横向协调。管理上存在着较严重的分散性，往往造成各自为政，相互制约，抵消力量，使企业的管理总目标不易实现。根据我公司的生产特点和实际情况，产品质量的好坏，在很大程度上取决于管理生产组织是否合理、各管理部门是否协调，取决于人、机、料、法、环、测等各种影响因素是否全部处于控制状态。所以，实现企业的系统化管理是稳定提高产品质量的重要保证。在推行成果的过程中，我们狠抓方针目标管理和建立质量保证体系的工作，并把它作为实现管理方式转变的基本途径。通过开展方针目标管理和建立质量保证体系的工作，我公司逐步实现了目标统一化，组织网络化，并提高了活动程序化和工作标准化的水平。

第三，在管理方法上，变开环管理为闭环管理。开环管理导致管理目标失控，是分散管理的必然结果。在推行成果的过程中，我们根据全面质量管理的原理，通过建立完善的信息管理系统，实现有效的信息反馈，逐步变开环管理为闭环管理。20 世纪 80 年代中期，我们在建立质量保证体系的工作中，认真研究和建立全部质量信息反馈系统。设立了质量信息管理中心，建立了 7 个信息收集点，编制了质量信息流程图和 7 个分系统图，建立了 8 种质量信息传递卡片和储存凭证，制定了公司内外质量信息管理制度。随后，公司各业务管理系统也分别建立了生产、技术、物资、动能等信息系统，并按矩阵结构制定了信息管理图，使质量信息管理中心逐步向建立全公司信息中心过渡。

第四，在管理手段上，变落后的管理手段为先进的科学手段。企业管理水平和产品质量的提高，必须建立在科学管理的基础上。多年来，我们在生产过程和各项管理工作中，结合实际，推广应用了20多种现代化管理方法。计算机管理信息系统已基本完成，包括计划统计、生产调度、人事劳资、财务管理、物资管理、设备能源计量和销售等几个子系统，取得了明显的效果。

四、组织与实施

茅台酒的质量是在"继承、创新、发展"的历程中得到稳定提高的，茅台酒厂（集团）有限责任公司的质量管理走的是一条适合自己企业的质量管理道路。

（一）建立公司质量方针，以质求存，树立质量第一的思想

"以质求存，以人为本，继承创新，永保金牌，永争一流，为国争光，走质量效益型道路"，是我公司长期的质量工作纲领，是确立"质量第一"思想，从事质量活动必须遵守的原则和指针，是建立、完善质量体系的指导思想。

茅台酒以其上乘的质量，独特的风格，受到消费者的厚爱和政府领导的关心，这些给我公司以极大鼓舞。树立质量第一的思想，是我公司长期以来的质量管理的指导思想，我公司以"爱我茅台，为国争光"的企业精神，提出走"质量立业，质量兴厂，质量增效益、求发展"的质量管理道路，组织各种树立"质量第一"意识的宣教活动，使职工真正认识到质量是企业的立足之本、发展之源。同时，在制度上坚持做"四服从，三不放过，五不准"。"四服从"即产量服从质量，生产服从质量需要，上序服从下序的质量要求，公司服从用户。"三不放过"是质量事故原因不清不放过，质量责任不分清不放过，质量事故改进措施不落实不放过。"五不准"是不合格的原料不准投产，不合格的酒曲不准酿酒，不合格的基酒不准勾兑，不合格的成品酒不准包装，不合格的产品不准出厂。通过宣传和制度的严格执行，在全公司形成了质量第一的思想，从而使质量方针深入人心。

51

（二）运用系统原理，建立以全面质量管理为核心的质量管理体系

茅台酒的生产过程是一个系统工程，一环紧扣一环，每一环节的失误，控制不好，都将影响茅台酒的质量，我厂运用系统管理的思想、理论、观点、方法，结合制酒行业的特点和茅台酒系列所独有的色、香、味、格，把与产品有关的组织结构、职责、程序、过程和资源等内容组成一个纵向衔接、横向协调的网络体系。

1. 以主导产品为主，根据我公司产品的生产特点，严格做好质量环节。

2. 根据 ISO 90004 要求，结合我公司具体情况，经过对比分析和研讨，按照 ISO 9002 标准选择了 19 个体系要素，以明确每个要素与职能部门的责任分配关系。

3. 根据系统各要素的联系方式和作用，建立由企业领导责任、质量责任和权限、组织机构、资源和人员、工作程序组成的质量体系结构。

4. 建立质量管理组织结构和文件化的质量体系。包括质量管理组织机构、质量检验系统组织机构、质量信息管理流程、质量体系文件结构序列。

由此可以看出，我公司的质量体系是依据 ISO 9002《质量体系——生产、安装和服务的质量保证模式》标准建立和运行的，抓住了 19 个体系要素，使每一项与质量有关的活动按预先确定的程序进行，从组织上、质量检验上、信息反馈上等确保各项质量活动始终处于受控状态，以预防不利于质量的因素发生，保证提供给顾客的产品，达到确认的质量水平。质量保证包括两方面的内容：（1）加强公司各环节质量控制，直至保证最终产品的质量符合要求。（2）产品进入流通领域和使用过程之后，提供售后服务，帮助用户掌握产品性能、保证用户使用，打击假冒伪劣产品。质量保证体系，又称质量管理网，指企业以保证和提高产品质量为目标，运用系统的原理和方法，设置统一协调的组织机构，把各部门、各环节的质量管理职能严密组织起来，形成一个有明确任务、职责、权限、互相协作、互相促进、互相保证的质量管理有机整体。它把企业各坏节的工作质量和产品质量联系起来，把公司内的质量管理活动和流通领域、使用过程的质量信息反馈沟通起来，连成一体，使质量管理工作制度

化、系统化、经常化。

我们在建立质量保证体系过程中，主要抓了这些环节：质量计划和质量目标，质量信息反馈系统，质量管理机构，分承包方质量保证，质量管理小组等。而贯彻 ISO 9000 标准是对这一质量管理过程的有力保证。在总经理领导下，建立综合性的质量管理机构的作用在于：统一组织、协调、综合质量保证体系的活动；提高质量活动的计划性，把各方面工作纳入计划；检查、督促各部门的质量管理职能；组织公司内外质量信息反馈，形成质量信息反馈中心；研究活动动态，组织新的协调平衡；开展质量管理教育，组织群众性质量管理活动。设置综合质量管理机构的同时，公司里还设立了专职质量检验机构质量检验中心，负责全公司的质量检验工作。分承包方的质量保证，是保证茅台酒整体产品质量的必要条件。对分承包方的质量保证能力的评定和监督措施的改进，是我公司质量保证活动的组成部分。在贯彻 ISO 9000 系列标准中，完善了质量管理职能，充实了标准化体系。编写了《质量手册》并发布实施，按照手册制定出程序文件 23 个，制定相关的管理标准 53 个，完善各种质量记录表格，形成了文件化的质量体系。为了使质量体系有效运行，进行每年两次的内部质量体系审核及管理评审，在每次审核或评审中找出不符合项并制定纠正措施进行改进，将评审结果纳入经济责任制处罚。按时召开每季度一次的质量例会，按照质量信息管理流程图中各相关部门和内容对每个季度的质量情况进行通报、汇总、评定、改进。总之，在实施 ISO 9002 标准中，强化了质量管理，促进了整体企业管理水平提高。在 1994 年通过中国长城（天津）质量保证中心对我公司质量体系认证的基础上，3 年期满后将在 1997 年再一次申请认证。

（三）运用巴莱特定律抓好质量控制关键点

巴莱特定律是一种国际上公认的科学法则，又称"80/20 法则"。创立这一法则的社会经济学家巴莱特认为，事物的 80% 的价值集中于 20% 的组成部分中，我公司根据巴莱特定律，对茅台酒厂（集团）公司的生产进行分析，茅台酒的生产是以一年为一个周期，2 次投料，8 次发酵，7 次蒸馏取酒，8 次摊凉。通过分析，得出 2 次投料是茅台酒制酒关键、是茅台酒质量的基础，对后期的影响大，我们的质量控制重点首先放在 2 次投料上，对 2 次投料的控制一是控制水分，水分控制在 56%~60%；二是控制糊化程度，不能将粮蒸得过熟过透；三是堆积发酵和发粮的操作质量，两次投料的控制为以后的工序打下了基础，起到了点睛的作用。通过实践，我们将这一法则的质量控制过程归纳为如下程序：

选择控制主体——控制对象；

选择测量单位；

规定测量方法；

制定性能标准；

测定实际性能；

通过实际与标准的对比说明差别；

根据差别采取行动。

（四）以人为本，教育为先，全面提高职工素质

茅台酒的生产过程是一个微生物发酵过程，受气候、温度、水分、操作质量等多种因素的影响，而这些因素在控制过程中是一个模糊概念，要求的温度、水分等标准不可能像其他行业那样定死，只能确定一个范围，是一种弹性标准。如投料水分可以是 56%，也可以是 60%，也许 56% 更好，也许 60% 更好，因此在生产过程中，只能靠人的感觉或者说是悟性操作，有诀窍在其中，这就要求人的素质要相当高，可以说茅台酒的制酒工人的工作，不是简单的体力劳动，而是有相当多的脑力劳动在里面。另外，我们强调心理建设的观念，侧重于职工的心理建设，赋予工作人员以无误状态来进行工作的动机。工作中的工人具有复杂心理，如果没有无误地进行工作的愿望，工作方法再好，工作中也会出现差错。基于上述原因，我公司本着"以人为本、教育为先"的原则，把教育作为企业的一项经常性的重要工作来抓，我们采用多层次、多渠道，走出去、请进来等多种方式，每年有计划、有步骤地对职工进行人均 72 课时以上的政治文化、业务技术、专业管理和技能技巧等方面的知识培训，同时还注重对职工进行 GB/T 19000 ISO 9000 系列标准的宣贯学习培训、

QC 知识的普及教育和 QC 小组长、QC 工具、方法的应用等质量专题培训，通过培训，职工的整体素质得到了普遍提高，质量意识、企业主人翁责任感得到了增强，国酒人"爱我茅台，为国争光"的群体风格从职工的行为规范中得到了具体表现。

（五）运用走动式管理法，保证生产现场正常运行

创造对茅台酒生产行之有效的走动式管理法，就是根据茅台酒的生产特点，要求公司领导、车间主任、技术人员、管理人员走到生产第一线中，根据生产中的气候、温度、水分、人员构成等具体情况，指导生产，发现问题，及时处理。如下糙沙时，有两点翻沙法、环形操作法、集中力量等多种不同的方法，究竟采用哪种方法好呢？这就要走到生产现场中，根据其具体情况，选择使用某一种方法，以达到最佳的生产效果。走动式管理法有力地保证了生产现场的正常运行。

（六）加强职工自主管理，广泛开展群众性的质量管理活动

QC 小组活动，是职工参加民主管理的新发展，具体解决质量问题提高企业素质的一种好形式，我公司在开展 QC 小组活动中，以质量方针为纲领，充分体现工人管理的主人翁精神，以不断提出新课题，并取得最佳经济效益，作为评价小组活动的标准，小组成员提倡工人、技术（管理）人员和干部三结合，实行注册登记管理，1997 年已注册 26 个，小组活动严格按"PDCA"工作程序开展活动，做到目标明确，对策具体，措施落实。QC 小组活动的开展，不仅克服了上年生产中存在的一些问题，而且为企业的节能、降耗，提高产品质量，增加经济效益创造了不可估价的经济效益和社会效益。如四车间 1994 年通过开展"轻水分，强润粮，重糊化，实现二次酒超一次酒"的 QC 活动比1993 年度多实现经济效益 604272 元。除 QC 小组活动形式外，全公司每年还组织开展上甑对手赛、岗位练兵、小改小革等群众性管理活动，并取得了可喜的成效，促进了质量管理水平的提高。全公司 396 人参加了全国四期 TQC 知识统考，均取得良好成绩，取证率达 100%。历年来全公司获国优 QC 小组 4个，省优 QC 小组 17 个，厅优 QC 小组 25 个。

应该说，质量管理体系的建立，是对茅台酒质量的总体控制，而巴莱物

法则、走动式管理法和 QC 小组等群众性质量管理活动的开展则是对茅台酒质量某一管理点上的控制，这几方面的有机结合，实现了茅台酒质量管理点与面的有机结合，使茅台酒质量得到了全方位的控制。

（七）建立以质量为核心的经济责任制

由于茅台酒是 7 次蒸馏，各轮次酒的特点不同，一、二轮次酒的特点是香清雅、回甜、略有涩味不显，三、四、五轮次酒是酒体丰满、酱香味浓、酒体醇厚、后味干净，六、七轮次的酒略有糊味，酒后味长，这七轮次的酒，按照一定的比例进行勾兑，形成茅台酒，由于勾兑中对酱香酒的用量大，而只有严格操作规程，才能产出更多的酱香。由于生产要求不同，因此我们各轮次考核的内容与奖励办法也不同，对一、二轮次酒只考核其合格率，而以后各轮次酒就实行分型考核与产量、合格率考核相结合，奖励办法是酱香酒超产每吨奖励680 元，窖底超产每吨奖励 700 元，醇甜超产每吨奖励 270 元，通过这样的考核，促进了职工积极学习技术，严格操作规程，生产出了更多更好的优质酒。

（八）继承创新，实现"微机勾兑"与感官品评相结合，提高茅台酒的勾兑质量

长期以来，茅台酒的勾兑一直靠勾兑师们的经验进行，最后决定出厂与否的指标是"口感"，而由于茅台酒的勾兑工艺复杂，使得勾兑师的工作极其繁重，为了组样，勾兑师们必须反复品尝大量的酒，如遇勾兑师身体不适，质量就要受影响，因此勾兑师们组样的成功率就受到限制，正常情况下，组样成功率仅达到60%，为了提高勾兑成功率，我公司成立了以总经理为组长的"微机勾兑"课题组，向传统挑战，用计算机模拟人工勾兑，成功地开发了茅台酒微机勾兑系统，小样成功率达100%，该课题实现成果后，一举通过了上级各部门的鉴定。这是茅台酒工艺的一个突破，是电子信息技术与传统勾兑工艺相结合的成功典范，是国内大曲酱香型酒微机勾兑先研制取得成功的典范，保证了勾兑合格率，减轻了勾兑师的繁重劳动，提高了茅台酒的质量。目前，我公司采用微机勾兑和感官品评相结合的方法进行，以最大限度地确保茅台酒质量

的稳定提高，同时正加快速度将勾兑数据输入微机，不久的将来茅台酒的勾兑将全部进入微机勾兑阶段，届时，茅台酒的工艺技术将翻开新的篇章。同时，我公司在茅台酒的质量检测手段上，也将原来只凭感官检测发展为仪器检测与感官检测相结合的质量检测，更有效地稳定了茅台酒的质量。

五、取得的成效

该成果的实施，有效地保证了茅台酒质量的稳定提高，取得了较大的社会效益和经济效益。

（1）稳定提高了茅台酒的质量，出厂酒合格率历年达 100%，又数次获得国际国内金奖。1993 年获法国国际葡萄酒烈性酒特别荣誉金奖，1995 年获巴拿马 80 周年金奖，特别是荣获了酒类产品"全国消费者共荐——购物首选优质产品"称号，是全国唯一的最高奖，被评为"知名度最高的白酒，最具代表性的文化名酒，口感最好的白酒，最受欢迎的白酒"，被评为全国驰名商标第一名，保住了"国酒"声誉，树立了企业形象。

（2）我公司还先后荣获轻工部质量管理奖、全国白酒行业唯一的国家一级企业、全国 100 家知名度最高的企业第三位、全国首批"质量效益型"先进企业等荣誉称号，被评为全国优秀企业"金马奖"，成为白酒行业中唯一获最高奖的企业。

（3）经济效益显著提高，生产规模不断扩大，仅 1996 年，实现销售收入 5.098 亿元，占年计划的 102.8%，比上年增长 19.6%。实现工业总产值（90 不变价）4.15 亿元，占年计划的 102%。全员劳动生产率达 83348 元，比上年提高 2872 元。全年出口创汇 1000 万美元。

六、今后的设想

随着改革的不断深入、市场经济的发展，我公司面临新的挑战与机遇，我公司将抓住发展机遇，进一步深化企业内部改革，适应市场经济的需要，坚持"爱我茅台，为国争光"的企业精神，坚持"以质求存，以人为本，继承创新，永保金牌，永争一流，为国争光，走质量效益型道路"的公司质量方针，完善各种管理制度，深入抓好 ISO 9000《质量管理和质量保证》系列标准的贯彻实施，使质量管理水平上一个新的台阶，使茅台酒永保一流质量，企业走向新的辉煌。

【本文作者季克良、陈孟强等。原标题为《以全面质量管理为核心，综合运用现代化管理方法，永保"国酒"声誉》，写成于 1997 年 11 月 10 日】

飘香的历程

——中华人民共和国成立70周年茅台集团跨越发展纪实

西南一隅，赤水之滨，集灵泉于一身，汇秀水东下，一河赤水穿石而过，将茅台镇分为两半，南岸便是享誉世界的贵州茅台酒厂所在地。

茅台酒历史悠久，源远流长，是中国大曲酱香型白酒的鼻祖和代表。新中华人民共和国成立后，在传统作坊的基础上，政府组建成立国营茅台酒厂，从此，茅台走上了工业化发展的道路。

国家强，茅台兴。70年来，在历届党委、政府的领导和支持下，茅台酒成长为世界蒸馏酒第一品牌，在贵州工业版图乃至国家酿酒工业发展史上，更是最具品牌价值和傲立潮头的领军者。

图1-13　20世纪70年代茅台酒厂远眺

茅台的发展历程是中华人民共和国工业化从"一穷二白"到后发赶超的一个缩影。70年艰苦创业，茅台从民营工坊成为实力强劲的工业化大型国企；

图 1-14 如今的茅台酒厂

70年改革创新，茅台在坚守传统的同时紧跟现代化的步伐；70年奋力开拓，茅台从西南群山中走向了国际化的舞台。

茅台的故事，是贵州的故事，也是国家的故事。在奋力开创百姓富、生态美的多彩贵州新未来和中华民族伟大复兴的征程中，茅台将继续为世人贡献更多的精彩。

艰苦奋斗，从小作坊到大工厂

这是一个充满传奇色彩的品牌。

百余年前，茅台酒漂洋过海获得举世瞩目的巴拿马万国博览会金奖，让"茅台"成为家喻户晓的民族骄傲。

百余年后，茅台从昔日的小作坊发展成今天的大集团，作为中国最著名的品牌之一，茅台正在全球市场产生越来越大的影响。

尽管拥有巴拿马万国博览会带来的特殊荣誉，中华人民共和国成立前的茅台，其生产仍处于作坊时代：种种复杂的酿制技术，全靠酒师们口口相传，至于为什么要这样酿制，他们却道不出所以然来。

酒灶5个、酒窖41个，这是茅台镇3家主要酿酒作坊的全部家当。没有实验室，没有机械设备，没有电，没有自来水。一年手工劳作，出产不过六七十吨的茅台酒。

直到中华人民共和国成立，一切才有了转机。

1951 年 11 月 8 日，解放仅一年多的茅台镇百废待兴，成立不久的仁怀县人民政府经上级部门同意，斥资 1.3 亿元购买历史悠久的民间烧房——成义烧房，在此基础上成立贵州省专卖事业公司仁怀茅台酒厂。

此后，又陆续整合仁怀当地著名烧房——荣和烧房、恒兴烧房，至 1953 年，国营茅台酒厂初具雏形，揭开了茅台发展新篇章。

国营茅台酒厂蹒跚起步时，不过是几栋作坊式的破陋小屋。然而，正是这一跨，令贵州茅台步入了历史上第一个转型期——告别农耕，迈向工业时代。

图1-15　20世纪50年代生产天锅烧水润粮工艺，老工人杨仕才（左）、张支荣（中）、罗得培（右）

随着中华人民共和国的成立，茅台跨越发展的每一个前行步伐，每一幅难忘图景，都在中国现代工业史上留下了最为生动的注解：

1954 年，中国政府在日内瓦以茅台酒宴请与会贵宾。后来主持谈判的领导人曾欣喜地说，在日内瓦会议上，帮助中国成功的有"两台"，一为茅台酒，

香之魂 ——历久弥香酒更浓

二为电影《梁山伯与祝英台》。

1964年，茅台酒试点委员会成立，多位专家合力开展茅台酒工艺的研究，成功总结出茅台酒三大典型体，找到茅台酒质量恒定的基因。

1978年，改革开放发轫之年，茅台酒生产突破千吨；1984年，扩建年产800吨指挥部组建完毕，茅台迎来第一个产能扩建高潮。

1989年，茅台酒销售突破亿元大关；1991年，茅台酒厂成功晋级国家一级企业；1993年，茅台冲击"全国优秀企业金马奖"成功。

2001年，21世纪的第一年，贵州茅台成功上市，茅台酒产销量进入高速发展阶段。

2003年，茅台酒产量历史性突破了万吨大关，完成了45年前毛主席下达的指示：茅台酒何不搞它一万吨！

……

翻开茅台的历史，是一部真真切切的拼搏史、奋斗史。建厂之初一穷二白，创业艰辛无处不在——在交通封闭的山沟里，职工们窖泥自己挖自己运、炉火自己发、茅草自己拔，运酒靠人背马拉。

茅台的发展，始终与中华人民共和国的繁荣进步同频共振，彼此见证。70年后的今天，茅台已成长为世界酒业第一品牌，茅台酒厂也成长为年生产能力近5万吨，销售收入近千亿元、市值破万亿元的大型酒业集团。

"茅台今天的辉煌，是靠党的正确指引取得的，是靠茅台人拼出来、干出来的，绝对不是天上掉馅饼。"茅台集团党委书记、董事长李保芳说，走进新时代的茅台集团，要珍惜今天得来不易的大好局面，不能忘记我们的先辈们为茅台的今天所作出的艰苦努力，我们也得为更加美好的明天努力奋斗。

改革创新，坚守传统紧跟时代步伐

中华人民共和国成立之初，中国酿酒企业很少，酿酒行业整体水平有限。公私合营后，茅台踏上了从小作坊到工业化的转型之路，肩负着引领中国酒业发展、振兴国民经济的重任，从中央到地方，政府对茅台酒的生产一直高度重视。

1953年至1958年，国家先后投资149.7万元，用于扩充厂房、改善设备，使得竹筒接水、桐油灯照明等原始方式逐渐绝迹，制酒、制曲、化验室等工业设施也逐渐成型。

茅台酒厂早期的工业化变革，不仅给茅台集中了资源，更为古老的酿酒生产带来了革命性的变化，从过去的口传心授向标准化、正规化转轨。茅台酒沿袭已久的传统工艺，获得了更好的传承。

1959年，国家轻工业部派员到茅台酒厂，协助研究总结茅台酒的传统生产工艺。这次研究，为组织全国科技人员共同研究解开茅台之谜拉开了帷幕。类似由国家出面组织的茅台工艺总结进行了不止一次。

图1-16 1965年，茅台酒科学实验两期试点中，第一期试点人员留影

1964年，经过长期的酿造生产实践，茅台酒厂的勾调大师李兴发，总结出了酱香、醇甜、窖底三种茅台典型体的生产规律，为白酒行业提供了规范、科学的评比标准，也推动了中国白酒行业进入"香型争鸣"时代。

同时，"茅台试点"科研组还发现了酱香型白酒的勾兑规律，不仅保证了茅台酒质量稳定、酒质卓越，更加快了优质酱香型白酒的发展。

图 1-17　20 世纪 70 年代，茅台酒厂副总工程师杨仁勉（右）与技术员徐英（左）工作场景

　　长期以来，茅台高度重视国内外先进管理方法和手段的引进，在技术革新中提升产品质量，努力为茅台提供更好的配套服务。

　　早在 20 世纪 80 年代中期，茅台就首开全国白酒行业先河，推广了全面质量管理方法及群众性的质量管理活动，逐渐形成完备的质量管理体系，并建立起一套具有企业特点、行之有效的质量检评制度。

　　90 年代，茅台集团一方面从美国、日本等引进具有国际先进水平的质谱、色谱检测仪器，另一方面开始启动 ISO 9000 系列国际标准的达标认证工作，于 1993 年通过了产品和质量保证体系认证，推动"长期陈酿"与"精心勾兑"两个决定茅台酒质量的关键环节跨入微机时代。

　　多年来，茅台　直与有关高校、科研院所进行战略合作，所追求的目标就是用国际标准来进行最严格、最科学的质量管理。

图 1-18 酒样检测

在茅台酒厂，每位员工几乎都能如数家珍地道出茅台酒生产的工艺——端午踩曲、重阳下沙、一年一个生产周期、2 次投料、8 次摊凉加曲堆积发酵、9 次蒸煮、7 次取酒，还有高温制曲、高温堆积、高温发酵、高温馏酒，长期贮存、精心勾兑……茅台的这套工艺经过历史的沧桑变迁，如今仍然在茅台人的生产实践中坚持着。

一方面拥抱现代化，另一方面坚持传统工艺，茅台的选择为其成长为世界级的酒类企业打下了良好基础。茅台多次入选 BrandZ 全球品牌价值 500 强，BrandZ 在给茅台的评价中写道：茅台既有中国古老文化的传统，又有现代企业的经营理念。

当前，随着大数据、区块链、人工智能等新一代信息技术的不断发展和应用，"智慧茅台"正站在大数据时代的风口浪尖，搏击大数据浪潮，抢抓贵州发展大数据机遇，将大数据与工匠精神深度融合，引领白酒行业发展，续写茅台新篇章。

奋力开拓，从西南群山走向国际化舞台

茅台是一个品牌，也是一张名片。

透过它，世界看到的是具有数千年历史底蕴的中国文化表达；透过它，世界看到的是崛起的中国民族工业对于发展的自信；透过它，世界感受到的是中国品牌置身国际化的强大磁场。

茅台酒的全球视野，早在1915年的巴拿马世界博览会即现端倪。国营之初，即使没有明确的经营目标，即使地处大山的深沟腹地，茅台也从未停止拥抱世界的理想。

早在国营后的第二年，首批出口的茅台酒就到达中国香港，为年轻的共和国换取宝贵的外汇。当时1吨外销茅台酒可换回40吨钢材，茅台为中华人民共和国的建设，立下了汗马功劳。

在当时西方世界对华封锁、国家物资紧缺的情况下，1吨茅台酒可以为国家换回的物资见图1-19所示鼓励职工努力生产为国争光。

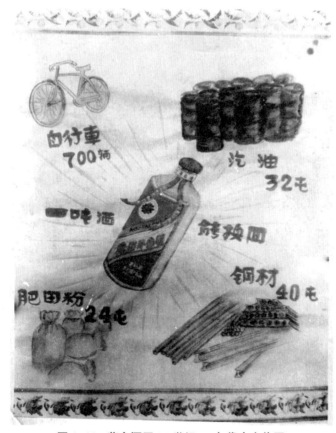

图1-19　茅台酒厂20世纪50年代末宣传画

中华人民共和国成立以来，以"酿造高品位生活"为使命的茅台，从赤水河畔一步一个脚印，走出国门、走向世界，让全世界一次又一次感受到茅台的独特魅力。

1955 年，茅台酒在中国香港、澳门地区及马来西亚、新加坡等国家注册销售。1986 年，茅台集团成为贵州省首家创汇 50 万美元的企业，获得省政府表彰。

1993 年，以为国家出口创汇为初衷的茅台进出口公司成立。在 1997 年亚洲金融危机之前，茅台酒在海外市场实现了年均 11.85% 的复合增长。

图 1-20　茅台酒香飘世界

2015 年 11 月 12 日，在美国旧金山，举行了"茅台金奖百年"庆典。旧金山首位华裔市长李孟贤把一株红杉树苗赠送给茅台集团，当时他动情地说："100 年前，贵州茅台来到旧金山。一百年后，茅台已经成长为参天大树。"

经历了百余年的积累和成长，茅台开始真正在全球市场发力，并产生了越来越大的影响力。从 2015 年开始，茅台积极融入"一带一路"倡议，连续开展了一连串规模巨大、影响广泛的海外品牌推介活动，"文化茅台"的足迹遍布亚洲、美洲、欧洲、非洲以及大洋洲的重要城市。

今年，"文化茅台·多彩贵州'一带一路'行"相继走进南美、非洲，所到之处都掀起了一场"茅台热"和"多彩贵州风"。从南美空白市场的"加大覆盖"，到非洲薄弱市场的"持续发力"，从某种意义上来说，"让世界爱上茅台，让茅台飘香世界"已经成为现实。

目前，茅台海外市场分布于五大洲 67 个国家和地区，共有 115 家经销商。2018 年，茅台集团出口茅台酒及系列酒 2177 吨，出口创汇 4.7 亿美元，占据中国白酒出口的领先优势。

可以说，中华人民共和国成立 70 年来，茅台由全球视野发展至海外战略的变化，是随着发展底气不断增强的适时调整和由形势发展需要所推动的。

图 1-21 智利圣地亚哥——南美洲茅台文化交流协会宣布成立

在战略规划上，茅台集团开始由茅台文化向"文化茅台"转变。这个战略之变，既是从量变到质变的演进，也是多维度、长周期精细化配合的过程，更是茅台从传统的产品输出、服务输出，到谋求新发展、新进阶的必然选择。

据介绍，"茅台文化"阶段，是讲述茅台的酒文化、历史文化、工艺文化、质量文化等，而"文化茅台"阶段，则需要与全球最具有代表性的文化现象、文化脉络产生关联，实现对话。

就像法国人赠送香槟表达爱意，比利时人为了友情赠送巧克力，荷兰人走亲访友赠送郁金香，作为中国古老文化的代表，茅台酒是热情的中国人表达善意时最富激情的媒介。

正如茅台集团党委副书记、总经理李静仁在2019年酒博会期间出席中国酒文化高峰论坛时所言，"我们相信，通过'文化茅台'建设的深入推进，茅台将与其他中国优秀品牌一道，像从前的瓷器、丝绸和茶叶一样，成为中华文化与世界交往与互动的桥梁与介质"。

贵州日报当代融媒体记者　李勋

第一部分　茅台的前进之路

第二章　明确的方向，喜人的成果

质量求生存，创新求发展，管理增效益

中国贵州茅台酒厂有限责任公司

国酒茅台的创业历程，展示了茅台酒厂科学的质量管理之路的形成过程，走近这一历程，回顾我们的做法，主要做了以下几方面的工作。

一、开展 TQM，夯实质量大厦的基础

我公司之所以取得这些成绩，是与依靠科技创新、狠抓质量、强化管理分不开的，自 1981 年起推行全面质量管理以来，我们始终注重各项基础工作的开展。

图 2-1　茅台酒厂所在地茅台镇

1. 狠抓职工教育，把提高职工素质放在首要位置，强化"以质求存，以人为本"的治厂方针，结合企业实际和行业特点，在员工中树立"爱我茅台，为国争光"的企业精神和"厂兴我荣，厂衰我耻"的荣辱观、主人翁意识，唤起员工"企业靠我振兴，我靠企业生存"的竞争意识和自觉行为，采取多形式、多层次、多渠道的方式，有计划、有步骤地对员工进行 TQM 知识、市场经济知识、传统工艺及科学技术知识、管理知识等的教育培训，提高员工整体素质，强化员工质量意识、竞争意识、风险意识、管理意识和法制意识。多年来，公司始终不间断地加强员工质量教育培训。到目前为止，已先后举办 TQM 知识、ISO 9000 系列标准、质量法规、TQM 深化教育、ISO 14000 标准、班组和现场管理等质量教育培训班 118 期，培训员工达 8000 多人次，普及教育率达 95% 以上，深化教育率达 70% 以上；多次组织员工参加国家和省级的 TQM 知识培训考试和竞赛活动，曾获全国"TQM 基础知识"教育先进单位称号和推行全面质量管理先进单位称号。

2. 强化标准化管理，完善质量责任制，实施质量一票否决制。在推行 TQM 的过程中，我们结合企业实际和管理特色，制定完善了企业三大标准（管理标准、工作标准和技术标准）和各项规章制度，并在此基础上健全完善了公司以质量责任为主的经济责任制，在贯彻 ISO 9000 标准过程中，还建立了一套较为系统的质量管理系列标准，并进行动态管理，在实施和运行中发现不合实际的地方及时进行修订。在经济责任制的考核中实行质量否决制度，使企业的各项管理都围绕"提高工作质量，确保产品质量"这一中心来开展，形成了全员、全过程、全企业参与的质量管理网络；从原辅材料采购进厂到投入生产、成品出厂、售后服务等全过程每一道工序、每一个环节都有强有力的监视和控制手段，形成了质量工作时时有人抓、事事有人问、处处有人管的良好规范，为企业走质量效益型道路奠定了坚实的基础。

3. 健全质量信息反馈处理网络。质量信息是质量管理的耳目，是质量改进的重要依据。我们成立了质量信息中心，由专人负责信息的收集反馈和处理，各职能部门有兼职质量信息员，负责将本部门信息传递给质量信息中心和督促改进与本部门有关的质量问题。对重大的和有代表性的质量信息，由质量信息中心汇总提交公司质量例会讨论研究，制定质量改进方案后责成有关部门限期整改，初步形成了厂内、外质量信息工作的闭环管理，为产品质量的稳定提高起到积极的推动作用，也为公司质量决策提供了可靠依据。

图 2-2　茅台酒生产车间内的景象

4. 积极开展群众性质量管理活动。多年来，我公司结合生产工艺的特点，以"优质、高产、低消耗"为宗旨，以提高技能水平和生产质量为目的，在全公司积极组织开展 QC 活动、劳动竞赛活动和班组管理升级活动以及员工合理化建议活动，充分发挥员工积极性、创造性和聪明才智。近 20 年来，组织了 QC 成果发表会 32 次，已获得国优成果 10 个，部、省级优秀成果 43 个，厅优成果 64 个，对加强企业管理、有效控制成本费用、提升管理和工艺的创新、稳定提高产品质量等方面起到了巨大的推动作用，为国家和企业创造了不可估量的经济效益和社会效益，使企业质量管理有了广泛的群众基础，促进了各项管理水平的提高，我公司也因此多次获得全国及食品、轻工行业的"质量效益型先进企业"称号，还获得了全国及轻工业、食品行业"QC 活动先进企业"、全国"推行 TQM 先进企业"等光荣称号。

二、强化质量职能的落实，健全完善质量管理体系

在日趋激烈的市场竞争中，企业要永远立于不败之地，关键是产品质量及强有力的质量保证能力。为使公司的质量管理工作与国际标准接轨，提高企业自身的整体素质，1992年公司决策层决定宣贯ISO 9000标准，健全完善公司质量管理体系。在贯彻ISO 9000标准过程中，我们结合茅台酒生产工艺的特殊性和企业实际情况，重点从以下几方面入手：

1.狠抓标准的宣贯培训。采取派出去、请进来的方式，分别组织对不同层次、不同对象的员工进行培训学习，先后共举办贯彻标准培训班21期，培训员工近1600多人次，大大提高了员工的竞争意识和忧患意识，在广大员工中掀起了一股贯彻ISO 9000标准的热潮。

2.狠抓质量职能的分解落实。茅台酒厂作为已有几十年发展历史的国有企业，长期以来积累了一套有效、传统的，在保证产品质量上取得了成功的质量管理经验，有一定的独到之处。但传统的质量保证体系，着重强调了纵向指挥和专业分工的管理，而横向协调和专业协助是个薄弱环节，这与现代化企业管理发展不相适应。在贯彻ISO 9000标准过程中，我们在推行TQM的基础上结合茅台酒生产的特点，确立了形成茅台酒质量的9个环节构成的质量环，选择了19个体系要素进行质量职能的展开，分解为79项355条活动内容并逐项落实，把从原料进厂到成品出厂全过程所有相关工序、相关部门都组织起来，形成了一个层次分明、责任明确的质量管理体系网络。

3.组织编写公司《质量手册》和《程序文件》。在质量职能分解落实的基础上，经过各职能部门反复的修改和补充完善，并依据ISO 9002标准组织编制了公司《质量手册》和《程序文件》试运行稿，经过3个月的试运行，修改了与实际不符的地方，补充了不足的方面，最后形成了公司正式的《质量手册》和《程序文件》，由公司董事长季克良签发并批准运行。

4.长期不懈发狠抓质量体系的有效运行。公司《质量手册》和《程序文件》发布运行，标志着我公司在贯彻ISO 9000标准的道路上迈出了坚实的一步，但关键还在于能否确保质量体系持久有效地运行。在体系运行初期，我们

73

成立了专门的运行协调小组，负责协调体系运行中各职能部门之间、传统管理方法与贯彻标准之间出现的矛盾和存在的问题，督促检查和指导各项质量职能的贯彻落实和质量活动的开展，确保质量体系的有效运行，于 1994 年 12 月通过了国家有关质量体系认证机构的评审认证。1998 年 1 月又通过了换证评审续认。在体系运行中，我们重点以日常监督检查为主，企管部设立了专职质量体系运行协调监督员，负责体系运行的日常监督；每年开展两次质量体系全面内审和至少一次管理评审，结合企业发展实际及时纠正和调整、补充完善公司质量体系，为产品质量稳定提高提供了可靠的保证，促进了我公司质量管理工作与国际标准接轨。在实施 ISO 9000 标准中，我们还把推行 TQM 的一些行之有效的方法和手段，如制曲、制酒、贮存勾兑、包装生产等工艺"一条龙"的质量保证体系、工艺控制、工序管理、质量例会制度、质量否决制度等进行充实完善，形成了一套较为系统的《质量管理标准》，进行动态管理，使整个管理过程文件化、程序化、规范化、标准化，成为贯彻 ISO 9000 标准文件池体系的重要组成部分，较好地解决了贯彻 ISO 9000 标准与 TQM 的关系，实现了全面质量管理的延伸和向深层次发展的升华。2001 年，我公司又根据 ISO 9000 标准 2000 版的要求，对公司的质量体系文件进行了修改完善，并于 2001 年底通过了 ISO 9000 标准 2000 版的换版认证，使我公司的质量管理工作始终与国际标准保持一致，在走质量效益型道路的方向上又前进了一个新台阶。

三、科技推动产品质量的稳定提高

科技是第一生产力，也是促进产品质量提高的巨大推动力。我公司注重设备技改工作和生产工艺的更新工作，在 20 世纪 80 年代就开始将过去的土木甑烤酒、背挑脚踢操作改为现在的不锈钢酒甑、行车起窖、下甑等机械化设备操作，既减轻了工人的劳动强度，又提高了劳动生产率。公司还引进了美国、英国等具有国际先进技术水平的质谱、色谱检测仪器，实现了企业依靠科技进步、确保产品质量稳定提高的目标。同时，以科技进步为基础，开发高标准、高品质和适销对路的新产品（如 15 年、30 年、50 年、80 年陈年系列茅台酒，

33 度、38 度、43 度系列中低度茅台酒以及茅台王子酒、茅台迎宾酒、茅台不老酒、茅台醇、茅台液等系列产品）投放市场，满足不同层次消费者的需求，为国家和企业创造了较大的经济效益。

四、实行质量承诺，创造名牌效益

为适应国内国际市场的激烈竞争和企业生存发展的需要，做好市场销售的强大后盾。公司生产部门每年都要与公司签订以质量责任为主的经济责任状，车间与班组签订风险责任状，建立一环扣一环的质量承诺制度，保证生产的正常进行和产品质量的稳定提高，促进各部门用工作质量来保证产品质量，以优质的产品质量来保证市场占有率。同时，我们牢固树立"以质量占领市场，以诚信赢得顾客"的经营宗旨，向广大消费者作出"追求质量，永无止境，我们将秉承'以质量占领市场，以诚信赢得顾客'的企业经营发展宗旨和'以顾客为中心，以质量求生存，以创新求发展，以管理增效益，追求四满意'的质量方针，以健全完善的质量管理体系，把优质的产品和优质的服务源源不断地奉献给消费者"的质量承诺。由市场营销员密切联系全国各地的经销商和客户、各信息网点，采用走访用户、征求顾客意见等方式收集市场信息，并集中反馈回公司进行分析和处理，制定必要的对策。同时，企业还开办了用户来访、索赔等业务，积极配合社会监督及执法部门的打假治劣工作，实现了企业与市场接轨，质量与效益挂钩，基本建立了市场服务质量体系，深得广大客户和各级经销商的好评，更进一步提高了企业的形象，使质量管理工作向更广泛的领域延伸和发展，创造了更大的经济效益和社会效益。这一系列的举措也让公司分别获得"世纪中国质量与服务——双佳单位""全国保护消费者杯"等崇高荣誉。

五、健全营销和售后服务网络

在市场竞争中，我公司领导彻底抛弃了计划经济时代的那种"皇帝女儿不愁嫁""酒好不怕巷子深"的思想，从根本上转变了营销观念，把营销工作的重点转移到加强营销网络建设和搞好售后服务上来，始终把消费者视为"上帝"，从营销服务网络的建设和加强售后服务、产品的防伪打假几个方面狠下功夫。到目前为止，公司已在全国各地设立了营销和售后服务网点近 2000 个，在全国各大中城市经济发达的县级城市均设立了茅台酒专柜，基本健全了营销和售后服务体系。为了保护消费者权益，遏制假冒伪劣产品坑害消费者，公司投入巨资，从 20 世纪 90 年代初开始先后采用了激光、喷码、反光水印、紫外荧光等防伪技术；2000 年，公司又启用了具有"反光水印、紫外荧光、动感秘纹"等综合防伪功能的高科技防伪标识，有效遏制了制、贩假冒茅台酒行为的发生，维护了消费者的合法权益。公司始终倡导把消费者的满意度作为判定和评价产品质量的标准，并积极做好各项维护消费者合法权益的基础工作。在营销过程中，从订货、签订合同、收款提货到发运的每个环节入手，注重售前、售中、售后的优质服务，为客户排忧解难。同时，还开办用户索赔及消费者来电、来函、来访业务，认真处理用户、消费者提出的每一个问题或要求，提出了"生产、经营围绕市场转，眼睛盯着市场、功夫下在现场"的营销新观念，使茅台酒销售在 2001 年达到了 4300 多吨，各种白酒销售突破12000 吨。

（本文发表于《2001 年度全国质量效益型先进企业经验汇编》，2002 年）

为了完成伟人的重托

贵州茅台酒厂集团董事长、总工程师 季克良

2003年，国酒茅台产量突破万吨。毛主席、周总理等老一辈党和国家领导人的重托已化为现实。茅台酒产量从75吨提升到1000吨，用了26年；从1000吨提升到2000吨，用了14年；从2000吨提升到10000吨，仅用了13年。茅台总资产从建厂之初的1.2万元发展到现在的60亿元，增加了49万倍；实现税利16亿元，是建厂之初的60万倍。

把茅台酒搞到10000吨，是毛主席和周总理等老一辈党和国家领导人生前的夙愿。1958年，在中共中央成都工作会议期间，毛泽东主席指出："茅台酒要搞到10000吨，要保证质量。"同年，邓小平同志视察遵义时也作了"应大力发展茅台酒生产，适应人民生活需求"的指示。从此，一代领袖"万吨茅台"的殷切期望成为萦绕在茅台人心底的一个美好的愿望。从那时起，国酒人时刻不忘领袖的重托，奋发图强，励精图治，经过45年的不懈努力，梦想终于变成现实！在这梦圆时刻，再度传来贵州茅台荣获全国质量管理奖的捷报。这样的双喜临门，不仅是国酒人的荣耀，也是贵州人民的荣耀，为此我们感到无比的骄傲与自豪！

回首国酒茅台的万吨之路，可谓曲折崎岖，千辛万苦，雄关漫道。为了实现万吨宏伟目标，一代代国酒人付出了无数的汗水和心血。

这是一段艰苦奋斗的历史，这是一段光荣的历史，这是一个矢志不渝的追求，这是一首团结奋进的颂歌。

让我们一起重温这一段历史。在历史的光辉中，感受领袖毛泽东和总理周恩来的关怀和期望；在历史的影像中，追逐前人坚实的步伐；在历史的风雨中，理解前辈们创业的艰辛；在历史的回音中，感受茅台的文化和精神。

茅台酒 10000 吨的发展历程是一个艰难曲折的奋斗历程，凝结了几代国酒人的努力，折射出中国社会和经济发展的曲折历程。

中华人民共和国成立前夕，茅台酒厂的前身"成义""荣和""恒兴"3 家私人烧房设备简陋，生产条件差，1947 年达到的最高产量，也仅为 60 吨。

1951 年至 1953 年，政府通过购买和合并等方式，将 3 家私人烧房全部转变为地方国营。国家接手后，立即组织恢复生产。1952 年刚投产就已能生产出茅台酒 75 吨，超过中华人民共和国成立前 3 家烧房最高年产量的总和。1953 年，正式成立贵州茅台酒厂。

从 1952 年到 1977 年，经过 21 年的曲折发展，经过大跃进、3 年困难时期、10 年"文革"的风雨历程，茅台酒产量缓慢发展，到 1977 年，产量仅为 750 吨。

1978 年，刚刚调整不久的领导班子坚决贯彻中央以经济建设为中心的指导思想，审时度势，加强管理，使茅台酒的产量首次突破千吨关，达到 1068 吨，并一举甩掉连续 16 年亏损的帽子。

"七五"期间，进行了老厂区 1200 吨填平补齐和新增 800 吨工程的建设，克服了地质条件复杂、基础设施薄弱、厂区大面积处于滑坡地带的重重困难，这些工程于 1991 年全部建成投产，茅台酒产量也首次突破 2000 吨。

1992 年，邓小平同志南方谈话后，我们坚持"发展是硬道理"，不断解放思想、深化改革，锐意进取，企业进入快速发展阶段。

"八五"期间，根据国内外市场的需求，为了缓解市场供不应求的局面，我们决定通过技术改造和扩建，使茅台酒新增 2000 吨 / 年的生产能力。同时加强了基础设施建设，如通信、供电线路、公路和排污工程等。从 1992 年到 1995 年，我们克服工期短、时间紧、任务重、工程量大的困难，经过 4 年的努力，完成建设的工程量相当于前 42 年的总和。1996 年，茅台酒年产量达到 4994 吨，逼近 5000 吨大关。

"九五"期间，为进一步发挥国酒的优势，进一步提高企业的综合实力，我们投资 5.6 亿元，进行了新增 2000 吨茅台酒生产能力及辅助配套生产系统的建设，修建了环保设施和第二条输变电工程，进一步改善了企业的基础设施，促进了人与自然的协调发展，增强了社会责任。到2000年，茅台酒产量达到6030吨。

2001年，21世纪的第一年，在"三讲"学习的促进下，贵州茅台成功上市，国酒茅台"只争朝夕抓机遇，时不我待求发展"，茅台酒产销量进入高速发展阶段。进入21世纪以来，我们每年保持新增1000吨以上的制酒及配套生产能力。

在"七五""八五""九五"建设和发展成就的基础上，我们进行了"十五"新增4000吨茅台酒建设工程的总体规划，力争使茅台酒达到10000吨的设计生产能力，2000年11月27日，在新区举行了盛大的茅台酒万吨工程奠基仪式，项目正式启动，目前已完成并投产了2000吨。

同时，通过依靠科技进步，不断调整和优化劳动组合，不断探索和持续改进，生产潜力得到了有效挖掘，使茅台酒实际生产能力超过了设计能力，劳动生产率在10年里提高了一倍。2003年，茅台酒生产突破了万吨大关，实现了毛主席和周总理的心愿。

产量从75吨提升到1000吨，用了26年；从1000吨提升到2000吨，用了14年；从2000吨提升到10000吨，仅用了13年。这充分证明了江泽民关于"我们要突破前人，后人也必然会突破我们"的英明论断是完全正确的。

茅台酒10000吨的发展历程，是对茅台酒生产工艺不断探索、总结、发展、完善的继承和创新过程，凝结着党和国家领导人、轻工部、省委省政府和各级领导的关心，凝结着老一辈酿酒专家、老一辈酒师和科技工作者的智慧和心血。

在1955年和1959年，中央两次委派工程技术人员帮助茅台酒厂研究总结经验规律、提高生产工艺和产品质量，在1964年和1966年又两次派专家到茅台搞试点，解决了生产中存在的一系列实际问题和理论问题。李兴发副厂长把茅台酒划分为3种香型，对茅台酒质量的提高乃至对全国白酒香型的划分都具有重要意义。我们还总结、提出了"离开茅台，就生产不了茅台酒"的重要论断，这些经验总结和规律探索为指导茅台酒的生产、为提高茅台酒的竞争力为原产地域概念的提出和资源优势的发挥奠定了理论基础。我们还在全国率先提出了勾兑工艺，这对茅台酒质量的稳定提高和全国白酒发展具有不可替代的重要意义。

茅台酒10000吨的发展历程是一个技术不断进步的过程。20世纪五六十年代，茅台酒生产完全依赖于手工操作，劳动生产率极其低下，从70年代开始，我们围绕传统工艺进行探索、研制、开发、引进和改进了大量先进设备，如打糟机、行车、不锈钢活动甑等设备的使用，大大改善了劳动条件。我们还解决了"重水分、轻水分""黑、白、黄曲""石头窖、泥巴窖、碎石窖"的认识分歧，攻克了二次酒超一次酒的工艺难关，解决了一、二次酒的质量难题，使茅台酒生产工艺不断科学、合理、规范和完善。企业技术力量也从无到有，不断壮大，从小型试验室、化验室的建立到科研所成立，从科研所到国家级白酒技术中心的构建，企业拥有了行业最先进的科研条件和技术手段，一个个科研课题的突破为茅台酒产质量的持续、稳定发展提供了条件，低度茅台酒、年份制陈年茅台酒等新产品陆续开发成功，这些探索实践和进步为茅台集团的发展，拓展了更加广阔的空间。

茅台酒10000吨的发展历程是一个品质不断稳定提高的过程，也是一个满载荣誉的辉煌历程。完善卓越的品质是茅台人对产品质量恒久不变的追求。从20世纪60年代勾兑工艺的确立到生产工艺的不断规范，从零散的经验总结到《作业指导书》《技术标准》的制定，从绿色食品、有机食品到原产地域保护，从ISO 9000质量保证体系到三大体系整合认证，从质量保证体系到卓越质量管理、六西格玛管理，茅台酒的品质得到越来越严格的保证，使产品质量持续稳定提高。15年、30年、50年、80年等年份制高档次产品陆续推出，产品质量标准越来越高，出厂酒合格率长期保持100%。随着茅台酒产量的不断发展，茅台酒取得了一个又一个的荣誉，多次蝉联国家名酒评比之冠，先后14次荣获国际金奖。

茅台酒10000吨的发展历程是企业大发展、机制大转换、改革大深化、品牌大扩张的历程。企业不断发展壮大，总资产从建厂之初的1.2万元到现在的

60 亿元，增加了 50 万倍；企业经济效益从连续 16 年亏损到年实现税利 12 亿元、利润 7 亿元，是建厂之初的 60 万倍。企业机制不断转换，从工厂制到公司制，从国有独资公司到股份制，企业经营机制不断改进和创新，保持了企业机体的活力，带来一个又一个的发展机遇。企业品牌不断扩张，成功兼并习酒、入驻遵义啤酒、收购昌黎帝王葡萄酒，使企业形成集酱香酒、浓香酒、保健酒、红酒、啤酒于一体的大型综合性酒业集团，并开始涉足高科技领域。

茅台酒 10000 吨的发展历程是思想观念大转变，销售不断增加的过程。茅台酒的发展不仅受客观条件和生产工艺的制约，还受到产销协调发展的制约。1998 年受亚洲金融风暴的影响，茅台酒销售受到了冲击，我们立刻转变观念，由过去的以生产为中心转变到以市场为中心、以顾客为中心的观念上来。加强了营销队伍的建设、销售网络的建设、服务体系的建设；加大了广告宣传、防假、打假的力度，突出了前端带动工程、后端推动工程和个性化消费工程，建立了一系列营销理念。同时要求茅台酒质量不能因以生产为中心向以市场为中心转变而发生丝毫改变，而是计划管理、工艺管理、质量管理、生产管理要进一步加强，从而满足市场经济的需要，使产品销售不断增加。2003 年，销售收入预计是 1998 年的 1.5 倍。

茅台酒产量突破 10000 吨，是茅台酒发展史上一个光辉的里程碑，是历代国酒人艰苦奋斗、团结拼搏的结果，是几代国酒人智慧和心血的结晶。万吨目标的实现，把茅台推向一个崭新的高度，这标志着茅台酒发展历史上一个新时代的来临。

回顾茅台的万吨之路，我们得出以下几点启示和经验：

1. 没有革命先辈及各级领导的关心和支持，茅台不可能取得今天的荣耀和辉煌。国酒茅台发展的每一步，无不体现着党和国家领导人及各级领导的关心和支持。从周恩来总理"开国庆典酒"的确定到毛泽东主席"万吨茅台"的嘱托；从日内瓦茅台外交，到"在茅台酒厂上游 100 公里内，不能因工矿建设而影响酿造用水，更不能建化工厂"的指示，及至后来余秋里副总理、李先念副总理都十分关心茅台酒上万吨的事。党和国家领导人对茅台的关心可以说无微不至，这些生动感人的事例不胜枚举。

1975 年，为贯彻毛主席"茅台酒要搞到 10000 吨"的指示，早日实现茅台达万吨的目标，当时的省委书记鲁瑞林在第四届全国人大会议刚刚结束不久，即来茅台酒厂落实万吨茅台酒的实施方案，还在名城遵义市郊进行了茅台易地试验，最终有效地总结出了离开茅台酒厂厂区就生产不出茅台酒的科学结论，为茅台酒在保持品质的前提下，走尊重客观规律、实事求是的发展道路奠定了坚实的基础。

改革开放以来，党和政府对茅台的关心力度进一步加大，措施更加有力。省委、省政府千方百计为茅台制造机遇，"七五""八五"的以税还贷，"九五"的股份制改造，"十五"的股份上市和年薪制的试行，为企业的快速发展，为增强企业的实力打下了坚实基础。

在"八五""九五"将茅台酒扩改建工程列为贵州省"八五""九五"期间重点建设项目时，省领导亲自挂帅"茅台酒厂 2000 吨／年改扩建工程领导小组"组长，确保了"八五""九五"2000 吨改扩建工程的圆满完成。

1996 年，省委、省政府把茅台作为改制的试点企业，建立现代企业制度，并迅速进行低成本扩张，使企业迅速发展壮大，组建了茅台集团。1999 年，省委、省政府又批准我们改建为股份公司，并推荐上市，这一决定的出台带来了茅台的高速发展，使之成为贵州酒业的航空母舰。

2001 年，在《贵州省国民经济和社会发展第十个五年计划纲要》中，省委、省政府明确指出，充分发挥国酒茅台等名牌效应，发展企业集团，重点是使茅台酒厂生产能力达到 10000 吨的改扩建工程。贵州省经贸委、省计委、贵州省轻纺国有资产管理公司、省轻纺行业管理办公室、省建设厅、遵义市委、市政府、仁怀市委、市政府等各级领导部门全力支持公司的技改工程，使"十五"技改工程具备天时、地利、人和的优势。

2. "发展才是硬道理。"在不同的历史时期，无论在何种特殊条件下，茅台始终坚持通过夯实可持续发展的基础来求得产能上的突破，不断提高发展实力，打破发展瓶颈。传统工艺的制约，地域环境的限制，以及人的观念的束缚，使茅台的万吨之路十分艰难。茅台独具特色的传统工艺、得天独厚的自然环境、悠久厚重的文化底蕴决定了茅台酒的唯一性，其无法克隆的垄断性资源优势是茅台酒核心竞争力的源泉。同时，这种垄断性资源优势又是一把"双刃剑"，它从反面制约了茅台的大规模、快速发展。除了资源因素的制约外，保守观念也是阻碍茅台发展的一个重要因素，可以说，万吨的发展历程，也是一个思想不断解放、观念不断更新的过程。实践证明，没有"七五"的800吨、"八五""九五"的2000吨，就没有近5年来的持续跨越发展。因此，茅台酒万吨的发展历程也是邓小平同志"发展才是硬道理"的生动写照。

3. 坚定不移地坚持质量第一，坚定不移地坚持茅台的传统工艺路线，是茅台保持独特风格，保持国酒地位不变的根本保证。茅台酒10000吨的发展历程证明，只有坚持"质量第一"的方针，坚持茅台酒传统工艺，才能确保茅台酒健康发展。在这方面，是有惨痛教训的。1953年至1954年，企业离开茅台酒传统工艺进行生产，结果产品质量出现大幅度波动；"大跃进"期间，因盲目追求产量，也使产品质量大幅度波动。这样的老路坚决不能再走。我们必须坚定不移地坚持"质量第一"，坚定不移地坚持传统工艺，在确保质量稳定不变的基础上，持续改进传统工艺，用先进适用技术改造传统产业，用高科技手段武装传统工艺，以信息化促进工业化，以工业化带动信息化，走新型工业化道路，才能在确保茅台产品特色和质量的基础上谋求茅台更大规模的发展。

4. 团结就是力量。精诚团结、顾全大局的领导班子，是茅台取得成功的关键。回顾茅台10000吨的发展历程，无论在哪一个阶段，无论是在顺境还是逆境当中，茅台的领导班子都是精诚团结、顾全大局的，都是把茅台酒质量和企业的发展置于首位的，他们不计较个人得失，一直以茅台发展的大局为重。即使是在十年动乱期间，企业党政领导班子虽然靠边站了，但仍然是以茅台酒生产的大局为重，一天也没有停产。在市场竞争形势日益严峻的今天，我们更加精诚团结，顾全大局，确保了茅台在激烈的市场竞争中立于不败之地。如果因计较个人得失而不顾全大局、不团结，影响茅台酒的发展，就会成为茅台的千

古罪人。

5.万吨茅台的实现是不断追求技术进步，在工艺上精益求精、在技术设备上不断采用先进的现代适用技术改造传统工艺的结果。茅台酒最早地把传统工艺与科技结合起来，在轻工部的帮助下开创了把先进科学技术应用到古老传统的白酒业之先河，促进了行业的科学研究和技术进步，解开了茅台酒生产工艺的秘密，通过去粗取精，从而促进了茅台酒的发展。正因如此，茅台酒才能既古老又充满活力，质量一直保持高水准，风格一直独具特色且长盛不衰。

最早提出对白酒的香型进行区分，为白酒分香型评比做了原始启蒙和基础性的促进。

最早探索实践和提出白酒勾兑的基本概念，使白酒的勾兑成为理论与实践的融合，成为技术与艺术的结晶。这不仅促进了白酒质量的稳定提高，也为白酒企业的大发展打下了坚实的基础。

1991年，茅台酒厂根据理论和实践提出了"离开了茅台镇就生产不了茅台酒"的论断，既防止盲目照搬和模仿的重复无功建设，又倡导了白酒的原产地域保护。

从20世纪80年代开始，贵州茅台不断开发出低度酒产品和陈年茅台酒系列，酒是陈的香，只有以茅台酒为代表的酱香酒才做得到，这使茅台酒蕴含的巨大能量再一次得到释放。茅台酒的10000吨来之不易。面对各种市场竞争和挑战，国酒人从未停止追求和探索的步伐。我们决心高举邓小平理论旗帜，努力实践"三个代表"思想，紧紧团结在以胡锦涛同志为总书记的党中央周围，创造茅台更加辉煌灿烂的明天。

今天，我们以无比激动的心情告慰毛主席和周总理等老一辈革命家的在天之灵，同时把我们的深情寄托在酒杯里，洒向蓝天，洒向大海，寄托国酒人无限的思念。

此时此刻，我们也深切怀念为探索茅台酒工艺呕心沥血的先辈酒师，深切怀念为茅台酒万吨发展艰苦奋斗、以厂为家，作出过卓越贡献的以郑义兴、王绍彬、李兴发等已故老一辈厂领导者为代表的员工，在我们的国酒文化城中，他们的塑像将作为国酒人永久的纪念，永远激励国酒人发扬继承创新、艰苦奋斗、无私奉献的精神。

面对各种竞争和挑战，茅台人从未停止追求和探索的脚步。2003年，为挑战自我、证实自我、评价自我、追求卓越，为实现企业的持续奋进，为提高企业形象和迎接市场竞争的需要，公司决定导入卓越绩效模式，从战略管理、市场营销、绩效测量、人力资源开发、技术创新、企业信息化等方面来提高企业综合素质和竞争能力。

在追求卓越绩效的过程中，我们始终注重倡导以顾客和市场为中心的价值取向；注重制定战略、方针目标、体系方法并带领员工实现战略目标；公司关注顾客和市场的需求变化以便快速准确地反应，使市场应变能力增强；公司着力培养学习型的组织和个人，更加注重致力于加强顾客、供应商战略伙伴关系的建立；实施业务流程再造，正在形成快速反应机制；更加关注未来和持续稳定发展；近几年来的经营绩效高速递增，并做到了顾客、股东、员工、供应商和社会利益的平衡发展。

追求卓越使茅台取得了跨越式的发展。公司连续5年实现经济的跳跃式增长。特别是近3年来，达到了主营业务收入平均年增长27.23%、利润总额平均年增长22.46%的高速发展。公司在全国酱香型白酒企业中，绝大多数经济指标排名第一；在全国白酒行业中，主营业务利润率等排名第一；股票每股收益在国内所有上市公司中2001年排名第一，2002年排名第三。出口创汇也在增长，产品发展到三大系列共60余个规格品种。

抚今追昔，茅台取得的成绩是辉煌的，是值得我们引以为自豪的。然而，以更加冷峻的目光理性地观照历史、现实和未来，任何人都无法躺在功劳簿上安心地睡大觉。10000吨的产量，对于中国白酒行业而言，不足总量的3‰，对于整个中国酒业而言，只是沧海之一粟，对于世界酒业，更是微乎其微。因此，对于茅台酒的发展，我们仍然任重而道远。

我们深知，茅台酒万吨生产能力的实现和全国质量管理奖的取得，只是一个新的起点。人类文明发展到今天，知识和技术更新的周期越来越短，科技成果以前所未有的规模和速度向现实生产力转变，各种竞争空前激烈，新的思维方式和观念不断形成，形势变化可谓"一日千里""瞬息万变"。在这种形势下，任何唯我独尊，独步天下；任何故步自封，陶醉于以往成绩；任何因循守旧，不合时宜的观念和做法都是行不通的，都必然为时代所淘汰。我们必须高举邓小平理论伟大旗帜，努力实践"三个代表"的重要思想。坚持"以人为本，以质求存，恪守诚信，团结拼搏，继承创新"的核心价值观，坚持"酿造高品位的生活"的经营理念，坚持"走新型工业化道路，做好酒的文章，走出酒的天地"的战略发展方向，进一步弘扬"爱我茅台，为国争光"的企业精神，肩负起新世纪赋予新时代国酒人的神圣使命，继往开来，为使企业不断发展壮大，谱写更加壮丽的篇章。

（本文发表于《经理日报》2003 年 12 月 15 日）

市场经济条件下企业思想政治工作的思路

建立和完善社会主义市场经济体制，是一次艰巨复杂的社会系统工程，它所引起的变化是全面的、深刻的。围绕建立社会主义市场经济体制这一目标模式，企业必须继续深化内部改革，转换经营机制，走向市场，使其真正成为自主经营、自负盈亏、自我约束、自我发展的商品生产者和经营者。在建立社会主义市场经济体制过程中，企业思想政治工作将面临许多新情况、新特点、新问题。因此，明确新形势下企业思想政治工作思路，积极探索新形势下企业思想政治工作路子，实现新的转变，是摆在我们面前亟待解决的一个重要课题。

一、市场经济条件下企业思想政治工作思路的主要内容

1. 以邓小平同志关于建设有中国特色社会主义理论来统一全体职工的思想。这是企业思想政治工作的根本。具体来说，一是要帮助广大职工深刻领会党的十六大精神实质，用建设有中国特色社会主义理论武装全体职工。在建立市场经济体制的过程中，企业思想政治工作要针对职工各种各样的心态，通过思想教育，帮助广大职工认识建设有中国特色社会主义理论的内容、实质和正确性，消除疑虑，增强市场意识，发挥主人翁作用，从而增强企业凝聚力和竞争力。二是要牢牢把握住党的"一个中心，两个基本点"的基本路线，为企业的生产经营管理活动服务。在新形势下，企业思想工作要针对职工在生产经营管理过程中出现的思想实际，有的放矢地加以解决，使企业思想政治工作实实在在地渗透到生产经营管理的各个环节之中，并发挥保障作用，变虚为实、变软为硬、变无形为有形。

2. 把开展日常思想教育工作、提高职工思想觉悟作为基本任务。这是企业思想政治工作着眼点。这就要求企业思想政治工作根据职工中不同层次的社会心态，有目的有针对性地开展党的基本路线、社会主义、爱国主义、集体主义等内容的思想教育，提高他们的思想政治觉悟，恪守职业道德，使其真正成为全面发展的合格劳动者，这正是企业思想政治工作任务之中的一根主轴，企业的每一次具体任务的思想政治工作活动都应围绕这根主轴来设计、来安排、来运转，才能潜移默化地发挥其作用，收到较好的成效。

3. 把充分调动职工的积极性、主动性、创造性作为主要任务。这是企业思想政治工作的目的。要确立以人为本的思想，综合运用宣传教育、表彰等精神激励办法；激发广大职工生产劳动和工作责任心，形成上下团结、同舟共济、荣辱与共的群体意识，形成强大的企业凝聚力和强大的市场竞争力。

二、突出重点，积极做好四项工作

1. 要在广大职工中强化市场意识教育，这是明确企业思想政治工作思路的思想基础。在市场经济条件下，企业要进入市场，企业职工的思想就要首先进入市场，树立强烈的市场意识。面对日趋激烈的市场竞争，有的感到迷惑不解，有的彷徨观望，有的无所适从，因此，在当前及今后一段时期内，必须在全体职工中进行商品经济、市场意识等常识的教育，使职工懂得商品经济、价值规律、市场经济等基本常识，以及企业与市场的关系，企业走向市场的客观必然性等，树立起与市场经济相适应的市场观念、竞争观念、质量观念和效益观念，树立起适应市场经济发展要求的经营思想和作风，增强企业和职工面对市场、进入市场的紧迫感、危机感和责任感。

2. 牢固树立为企业生产经营管理服务的指导思想，增强思想政治工作的服务性。这是明确企业思想政治工作思路的关键。改革20多年来的实践表明：企业思想政治工作必须为经济工作服务，必须密切结合生产经营管理的实际进行，才能收到较好的效果。企业思想政治工作必须结合生产经营管理活动一道去做，渗透到各个环节中去，确保生产经营任务的完成和经济效益的不断提高。

3. 建立一支专兼职相结合和精干高效的政工队伍和一个网络体系，这是明确企业思想政治工作思路的根本条件，也是企业思想政治工作为经济工作服务的组织保证。必须着重做好两个方面的工作：一是要建立全方位的、立体交叉的网络体系。二是要下功夫去加强专职政工队伍的建设，提高政工人员的思想政治素质和业务能力。

4.坚定不移地依靠职工群众，增强职工主人翁责任感，激发他们的劳动热情，这是明确企业思想政治工作思路的立足点和落脚点。要在以下两个方面下功夫：一是要强化宣传教育引导，启发职工参加改革的觉悟和自觉性；增强心理承受能力，主动参与改革，积极支持改革。二是要加强企业民主管理，确立职工主体地位，充分发挥职代会的作用。企业改革方案的制订、经营者的选择、企业对重大事情的决策等都应主动征求广大职工的意见和建议，在此基础上提交职代会讨论审议决定，增强企业的凝聚力，从而形成一种强大的市场竞争能力。

（本文摘自《经济信息时报》2005 年 9 月 28 日）

第一部分　茅台的前进之路

科学发展滋养国酒茅台

季克良

以胡锦涛同志为总书记的党中央提出的科学发展观，是对党的三代中央领导集体关于发展的重要思想的继承和发展，是马克思主义关于发展的世界观和方法论的集中体现，是我们党对社会主义现代化建设规律认识的进一步深化，是党的执政理念的一次重要升华，是发展中国特色社会主义必须坚持和贯彻的重大战略思想，是全面建设小康社会和实现现代化的根本指导方针。

在科学发展观的指引下，茅台人迎着市场经济的浪潮，秉承"爱我茅台，为国争光"的企业精神，坚持"立足主业，做好酒的文章；多种经营，走出酒的天地"的发展战略，抓市场营销、抓生产发展、抓人才培养，推动企业快速发展。特别是党的十六大以来，茅台集团准确把握科学发展观的基本要求，坚持解放思想，实事求是，不断完善发展思路，努力践行科学发展观，确立了"铸造一流企业"的愿景和"酿造高品位的生活"经营理念，凝聚各方力量实现了企业连续9年的跨越式发展。现在，茅台集团已发展成为拥有总资产达133亿元、员工10000余人，且公司利税率、人均创利税、人均利润率、总市值等主要经济指标稳居全行业榜首的国家企业，企业步入了可持续发展的快车道。

一、以质求存，坚持全面协调可持续，理性引领企业发展

茅台酒曾在中国政治、经济、外交、军事等方面发挥过重要作用，被尊为中国的国酒，但茅台人清醒地认识到，茅台酒之所以能在这些过程中起到重要作用、能独享无数的荣光、能打动和留住消费者，原因就是它上乘的品质。

长期以来，公司视质量为企业的生命、品牌的灵魂，牢固树立"质量就是竞争力，质量就是市场，质量就是效益"的意识，始终坚持"产量服从质量，速度服从质量，成本服从质量，工作量服从质量"的质量观，遵循八项质量管理原则，坚持走质量效益型发展道路不动摇。在广大员工中持之以恒地开

展质量管理教育，推广全面质量管理方法及群众性的质量管理活动，坚守茅台酒传统酿造工艺，大力推广"师带徒、老带新"的传统培养方式，举行酒师曲师宣誓、工艺及品酒培训；始终恪守一年一个生产周期和5:1的粮耗比例，并做到长期贮存、精心勾兑，不借产品旺销之机"卖新酒、挖老窖"，牢牢捍卫着这条"质量生命线"；加强环境保护，切实保障绿色生态；把原材料基地作为"第一车间"，产品质量从土地抓起，确保茅台酒作为有机食品品质；在强调继承传统工艺时总结出"十二个坚定不移"，对制酒生产不设"超产奖"，并规定超产不但不能拿奖金反而要受处罚；设立"质量奖"，激励员工向质量要工资、向质量求奖励；以冷静理智的态度，牢固地树立和凝聚企业共同的质量价值观念，并贯穿于每个员工每个操作细节、每道生产工序、每一管理环节，使公司的质量管理、企业管理成为一个统一的整体，在运行过程中互相补充和促进，把各项现行的质量管理体系由"人为管理"变为"群体意识管理"，形成了独具茅台特色的质量文化管理体系。公司还从众多成功企业和失败企业的实践过程中，吸取经验和教训，在发展中不盲目跟风扩张，不盲目追求"第一"而不顾后劲，充分考虑发展的质量、效益和速度的协调统一，正确处理了"快"与"好"的关系，始终保持经济的理性增长，确保了发展质量和效益，为茅台的科学发展奠定了坚实的基础。

2007年9月14日，公司顺利通过全国质量管理奖复评。中质协专家在总结时明确指出：茅台集团始终贯彻"以质求存、继承创新、恪守诚信，酿造高品位生活"的理念，在质量管理、生产管理、市场营销、技术创新、基础管理等方面持续改进、不断创新，在传统工艺基础上形成了独具特色的茅台管理模式——"以质求存，继承创新"，值得推广和中国企业学习。

二、以人为本，确保员工、经销商和消费者利益的实现

人是推动企业发展的主体和第一要素，离开了"人"，一切活动都无从谈起。因此，茅台集团把肯定广大员工群众、经销商和消费者的现实、适时的需要作为企业的价值取向，从尊重人、爱护人、理解人、关心人，乃至依靠人、塑造人、促进人的全面发展入手，大力营造"人"与企业和谐同步发展的主旋律。

图2-4 季克良曾获2009年首届中国酒文化遗产保护年度杰出人物金像奖

　　长期以来，茅台集团坚持"人力资源是第一资源"的思想，牢固树立"以人为本、人尽其用"的人才观；发挥工会、职代会的作用，大力推行厂务公开，实施民主管理，使公司的管理、决策更加科学；充分利用职代会，广泛征求职工代表提案，对提案进行梳理，并使员工的提案桩桩有落实，件件有答复；尊重员工的首创精神，设立"合理化建议奖"，鼓励员工为公司发展献计献策；为激发和调动全公司员工促进公司发展的积极性和创造热情，开展"十大标兵"评选，每年还要举行制酒、制曲、品评等全方位的劳动竞赛；筑巢引凤，给招聘的大学生发放安家费，修建大学生公寓统一管理；设立"扎根茅台、奉献茅台"奖励基金，给博士生、硕士生等高技能人才5万元、3万元奖励；每年组织召开人才代表座谈会，集中民智，倾听民声，充分发挥知识分子在生产经营等方面的智力优势；进一步开展"化纠纷、解难题、办实事、维稳定"活动，建立"公司党委成员接待日"制度，接待员工等来访者，做好释疑解惑、答复落实工作，增强思想政治工作的针对性和实效性。

同时，公司还从提高管理人员素质和员工素质方面入手，广泛开展"花儿为什么这样红"教育，不断深化对厂情厂史的认识，进一步增强责任意识和忧患意识；制订《人才强企》方案，实施《人才强企》行动；成立职工职业技术培训中心，创办贵州大学茅台学院，与江南大学合作开办发酵专业大专班，有计划地对员工进行普遍培训，致力于学习型组织建设；开设制曲、制酒、上甑、晾堂操作、管窖等技能培训课程，实施"员工入门（岗前）培训"工程、"员工技能等级达标培训工程"，把优秀的生产骨干送到大专院校去深造，采取多种形式加快人才特别是技能人才培养；注重员工的个性发展，建立、健全行政职务通道和技术业务通道机制，拓宽了员工成长的技术通道；出台《中国贵州茅台酒厂有限责任公司技术岗位职称考核评聘办法》，组织制酒员工参加技能培训并在全国酿酒行业中率先组织对公司 2040 名酿造工申报等级并进行了鉴定和颁证，保证了其待遇从 2006 年 1 月起执行；开辟干部人事制度改革新途径，推行对中级管理人员的试用期制和任前公示制，对一些管理岗位，实行公开竞聘，变伯乐相马为赛场选马；同时，大胆提拔任用业绩优秀的人员，自 2004 年以来，新提拔见习助理 102 人，新提拔中级管理人员 87 人（其中破格提拔的有 7 人），提职级的中级管理人员 84 人；为培养复合型人才，加大中级管理人员的交流轮岗力度，仅 2006 年、2007 年两年，中级管理人员的交流面就达 22.4%。这些举措，创造性地把公司的人力资源转化为人才资源，使人文茅台充满了生机与活力。

茅台集团还始终把经销商当作上帝和恩人来对待，从计划开票、物流配送、市场维护等方面为他们当好服务员，切实维护好、保护好经销商的权益；开展优秀经销商评选、设立"风雨同舟"和"挚爱国酒"奖，对诚信经营、业绩优异的经销商给予奖励；凡是经销商来公司，不分客户大小，公司都要宴请他们，公司领导还要向他们敬酒，感谢他们；逢年过节还要向经销商们寄送纪念品。对消费者，茅台集团也把他们当成上帝和恩人，在产品质量上，严格把关，做到精益求精；在产品价格上，充分考虑消费者的承受能力，不随便提价，做到货真价实、物有所值；在保真问题上，积极配合打假，切实维护消费者权益；在市场价格管理上，茅台集团还破天荒地发出限价令，不准卖高价。茅台人真诚的行为感动了经销商、感动了消费者，使广大的经销商和消费者对茅台产生了极大的认同感和归属感，茅台酒也越来越供不应求，实现了市场经济条件下企业和经销商乃至消费者的多赢。

三、和谐共建，统筹兼顾，为可持续发展注入新内涵

为推动茅台的科学发展，着力打造和谐茅台，茅台集团党委牢牢把握思想政治工作这一生命线，不断加强公司党的建设和各级领导班子建设，坚持用发展凝聚人心，着力营造"致力发展、干事创业"的良好氛围，为企业发展提供决胜市场的根本保证。本着利益均衡、和谐稳健、充分兼顾各方关系的原则，茅台集团与各相关方结成利益共同体，改革开拓、拼搏创新、凝心聚力、和衷共济，从而使公司生产规模不断扩大，市场迅速拓展，企业发展步入了新天地，销售收入从1998年的8.1亿元直线上升到2006年的63.56亿元，自2002年以来上缴的税金累计总额也突破了100亿元，其主导产品年销售量、品牌价值、股票市值等都高居行业第一位，公司员工的收入也翻了两番多。

图2-5　陈孟强与贵州大学党委书记姚小泉（左四）合影

在快速、持续、跨越式发展的同时，茅台集团始终关注民生民情，积极承担社会责任，并把扶贫济困送温暖作为国酒人义不容辞的责任。每年在公司内开展"亲情联动，情暖千家"系列活动，通过慰问军烈属和伤残军人，走访慰问困难员工群众、因工死亡职工家属和召开离退休老同志座谈会，调研员座谈会，军烈属、伤残军人座谈会和困难员工家属座谈会等，把公司党委、董事会的关怀和温暖送到员工群众的心坎上；每年的春节，公司领导还要分别到生产车间与员工一起就餐，向全体员工拜年；从 2003 年起，按照"劳动、学习、体验、感悟"的要求，每年都要组织机关管理人员到生产一线参加劳动，搭建交流平台，畅通服务渠道。

在扶贫帮困、工业反哺农业、解决地方就业、支持和带动地方经济发展方面，茅台集团也做出了积极贡献：对农户种植的高粱、小麦实行保护价收购，仅此一项，每年就要多增成本 2000 多万元；自 2002 年以来，公司通过社会招工和征地"农转非"，为地方直接提供就业岗位 3600 多个，为帮助政府解决"三农"问题发挥了重要作用。在茅台高速发展的带动下，地方经济也呈现出持续、快速、健康发展的良好势头。

公司还积极参与公益事业回报社会。自 2006 年以来，茅台集团参与"四在农家"创建、党建扶贫、为贵州省困难企业和困难职工"送温暖"等活动，向慈善事业、文化事业、国防事业、希望工程、残疾人保障基金、见义勇为基金、道路交通建设等捐资 5500 多万元。据不完全统计，自 2006 年以来，仅茅台集团各基层组织开展的扶贫济困、捐资助学献爱心活动就有 80 多次，捐款金额达 589429.5 元。

多途径、多形式的扶危济困和社会公益活动，充分展示了国酒茅台积极承担社会责任的大企业形象，大大增强了企业的凝聚力，得到了社会各界的广泛赞誉和公司员工的充分肯定。

四、文化兴企，坚持"做有思想的企业集团"

"没有积累的飞跃是一种疯狂。"纵观茅台 9 年跨越式的发展史，茅台文化力作用的充分发挥，无疑会成为一个靠创新激发活力的典型。

茅台酒是中国为数不多的具有自主知识产权的民族品牌和世界知名品牌。

为此，自 20 世纪 80 年代以来，茅台人就把"爱我茅台，为国争光"作为企业精神，始终把做好茅台酒事业提高到"为国争光"的高度，在确保茅台酒质量、搞好生产、经营和管理的过程中，进行传统企业文化和现代管理文化的融合、发展完善以及精神力量的培育，高度彰显"酿造高品位生活"的经营理念，在企业内部形成一种自下而上的归属感和满足感，把"做有思想的企业集团"变成为推动茅台又好又快发展的生动实践。

从 2003 年起，茅台集团对企业文化理念又做了进一步提炼和升华：把"以质求存，以人为本，恪守诚信，继承创新"作为核心价值观，把"绿色茅台，有机茅台，健康茅台，世界最好的蒸馏酒"作为产品定位，把"以健康的品质和深厚的文化打造最具价值和最具国际影响力的白酒企业"作为企业愿景。整个理念体系以"质量""文化""继承""创新"作为核心定位，并作为制定企业发展战略的主要依据和经营管理活动的指导思想。在从原料基地建设、生产管理、技术创新、市场营销到售后服务的产品价值实现过程中，坚持"四个服从""三个控制"（控制产量、控制销量、控制价格），并以此引导相关方进行生产经营活动；以敢于创新、善于创新的举措来架构企业核心竞争力，转变思想观念、转变经营理念，解放生产力；加大对茅台酒制酒、制曲、包装、生产原料、微生物组成、茅台酒与健康、白酒风味物质、循环经济等多方面的研究；基于茅台酒的酿造工艺开发出陈年酒，成为茅台酒在高档白酒领域的延伸；针对国内大型企业开发定制产品，针对专卖店及大客户展开电子商务，开展"八个营销"，传播茅台品牌文化；以"绿色、自然、健康"理念，赋予茅台酒新的思想内涵和文化品位，从而使茅台酒超越了普通意义上的"物质产品"含义，使之成为一种文化结晶，一种对国家和民族具有象征意义的精神产品，一种"流淌着思想的液体"。

同时，围绕着"在继承中创新，在创新中发展，在发展中完善"的指导思想，创新企业文化载体、丰富茅台文化内涵。从 2004 年开始，茅台集团把每年的重阳节作为茅台酒节，开展纪念活动，缅怀先辈和传承祖师风范；每年提出新理念，如"创造一流的经济总量，实现一流的经济指标，保持一流的技术，创造一流的管理，形成一流的市场"的企业愿景；恪守"质量诚信、政治诚信、价格诚信、推介诚信"的至诚至信社会承诺；在构建和谐企业发展思路下提出的"统筹制曲制酒的协调发展，统筹新老存酒、盘勾勾兑的协调发展，统筹集团公司和子公司的协调发展，统筹主导产品与系列产品的平衡发展，统筹经销商、供应商和公司的全面发展，统筹员工与企业的共同发展，统筹企业与环境的和谐发展，统筹国内市场与国际市场的同步发展"等，将它们一一转化成为企业的文化力和精神力，使茅台在创新发展的道路上，走得更快、走得更远！

回顾过去，国酒茅台前进在科学发展道路上的步伐坚定有力。面对更多的发展机遇和更加繁重的发展任务，国酒人一定会继续高举科学发展观的大旗，为打造百亿集团、续写国酒茅台更加辉煌的明天而不懈努力。

（本文发表于《工人日报》2008 年 3 月）

第一部分　茅台的前进之路

国酒品牌创新与战略管理

陈孟强

一、历史背景

1. 国酒茅台品牌概况

1915年，美国旧金山巴拿马万国博览会，茅台酒怒掷酒瓶振国威，一举夺得金奖，与苏格兰威士忌、科涅克白兰地并称世界三大名酒，可以说茅台酒从它获奖之日起便融入了中国历史，代表着中华民族敢于奋斗、不屈不挠的民族精神，成为中华民族工商业率先走向世界的杰出代表。1935年遵义会议前后，工农红军四渡赤水，当地群众多次以茅台酒慰问毛泽东、周恩来、朱德、邓小平等老一辈无产阶级革命家和红军战士，令饮者无不大加赞赏，周恩来曾说："红军长征的胜利，有茅台酒的一大功劳。"1949年开国大典前夜，周恩来总理在中南海怀仁堂召开会议，确定茅台酒为开国大典国宴用酒，并在北京饭店用茅台酒招待海内外嘉宾，从此每年的国庆招待会均指定用茅台酒。在日内瓦和谈、中美建交、中日建交等重大历史性事件中，茅台酒都成为加深友谊融化历史坚冰的特殊媒介，党和国家领导人无数次将茅台酒当作国礼，赠送给外国领导人。茅台酒以其悠久的酿造历史、独特的酿造工艺、上乘的内在质量、深厚的历史文化以及在我国政治、外交、经济和文化生活中曾发挥的无可比拟的作用，一直享有"外交酒、庆功酒、友谊酒"的美誉。多年来，茅台酒凭借其严格的管理和稳定的质量，蝉联历次国家名酒评比之冠，并先后荣获国际国内各种大奖30多次，国酒茅台商标在20世纪80年代就被评为首批中国驰名商标（第一名），2000年，茅台酒作为历史见证与文化象征被中国历史博物馆收藏，是中国唯一当之无愧的国酒。

2. 国酒茅台品牌在成长与发展中面对的压力和挑战

任何一个品牌的成长都不是一帆风顺的，总要面对来自方方面面的压力

图 2-6　陈孟强（右）和季克良（左）的合影

和挑战。创一个品牌难，要巩固发展一个品牌更难，尤其是一个知名的品牌，更是如此。国酒茅台的发展历史，是一个不断奋进、不断开拓创新的历史，是在激烈的竞争与重重压力和挑战中发展壮大起来的。国酒茅台作为一个知名品牌，首先要面对的就是市场上假、冒、伪、劣产品的冲击。据不完全统计，每年市场上的假冒茅台酒数量是我公司出厂茅台酒的 5 倍，再加上那些利用地域优势与茅台酒沾亲带故、打擦边球、仿冒茅台酒包装的产品就更多了。其次是激烈的市场竞争，中国改革开放进入 20 世纪 90 年代以来，国内白酒市场异军突起，各种白酒新秀，铺天盖地而来，大有独吞山河之势，席卷整个白酒市场。由于改革开放的深入，各种洋酒也大举进入中国，抢占中国市场，给国内白酒市场本已激烈的竞争局面火上浇油。再加上国民生活水平的提高和国家产业的调整给白酒消费市场带来的挑战，人们的消费观念已逐步发生变化，白酒消费已逐渐向饮料型、保健型的葡萄酒、啤酒等产品倾斜。国家限制白酒发展的产业政策，也给白酒业的发展带来了极大的压力。此外，浓香型酒所占有的先天优势和人们的饮酒习惯也给酱香型的国酒茅台的发展带来了巨大的压力。长期以来，中国白酒市场都被浓香型酒占据主导地位，国内每年以国酒茅台为代表的酱香型酒产量仅占全国白酒产量的千分之一，这种先天的不足也在一定程度上限制了酱香型酒的发展。

3. 国酒茅台品牌保护与发展过程面对市场压力和挑战所作的战略调整

国酒茅台的发展史，是不断奋进、不断开拓创新的历史，面对各种压力和挑战，国酒人在困难面前，没有畏惧，没有停步，而是面对市场不断进行战略调整，使国酒茅台品牌得到了创新和发展。进入 90 年代以来，公司围绕"一品为主、多品开发，一业为主、多种经营，一厂多制、全面发展"的企业经营战略，先后实施了增加产品的科技含量、提高产品的防伪能力、稳定提高产品质量、名牌带动、品牌的低成本扩张、加强市场打假、健全营销和售后服务网络、转变营销方式等措施和战略调整，使得国酒茅台获得了飞速发展，取得了较好的品牌效益。

图 2-7　陈孟强在贵州大学参加学术会议

二、具体做法

1. 加强员工教育，增强员工的质量意识和品牌意识。品牌的核心是质量，而创造质量的关键是人。当今世界的竞争是人才的竞争，针对严峻的形势和挑战，公司始终坚持"以人为本"的思想，花血本培养人才、吸引人才、留住人才，通过多种培训，把员工的"潜能"转化为贡献社会、贡献企业的"显能"；从提高管理人员的整合思考能力、比较思考能力和数字思考能力着手，把增强员工的质量意识、竞争意识、危机意识、管理意识和品牌意识作为一项重要工

图 2-8　陈孟强在学术研究会上发言

作来抓。投入大量资金，采取多种方式，一方面，组织对员工进行系统的工艺操作知识、质量控制和管理知识、现代化管理知识、成本管理知识等专业知识的学习和了解，使员工掌握基本的知识和技能；另一方面，组织对员工进行爱国、爱厂、爱岗等思想政治和国内外经济形势现状、市场经济知识的学习，增强员工的竞争意识和危机意识，并在员工中倡导"爱我茅台，为国争光"的企业精神，使员工把搞好茅台酒质量、爱护国酒茅台品牌的意识上升到爱国主义思想上来，让员工清醒地认识到：不重视和搞好质量，企业就没有生命力，不爱护品牌，企业就没有发展前途，搞好茅台酒质量、爱护和发展好国酒茅台品牌是我的神圣使命，是我作为一个中国的国民爱国的最好体现。

2. 健全完善质量管理体系，保证产品质量稳步提高。长期不懈地加强全面质量管理，健全完善以顾客为中心的质量管理体系，走"质量效益型"发展道路是我公司历届领导始终坚持的生产经营思想。近年来在继承传统工艺的基础上，不断总结创新，吸取精华，加强科学管理，增加科技投入，提高产品的科技含量，强化检测手段，使茅台酒的生产能力、产品质量都得到了大幅度提高。出厂的茅台酒严格通过各环节的质量把关和工序过程的质量控制，坚持"三检、二评、一控制"和"四服从、三不放过、五不准"的质量原则。长期坚持开展工序质量审核和产品质量审核活动，站在消费者的立场上来对产品质

101

量进行挑刺，找出存在的问题不断进行质量改进，使茅台酒的质量在受控状态下不断稳定提高。多年来，由于走"质量效益型"发展道路的方针深入人心，各项工作都讲质量、讲效益，各类活动都围绕产品质量来开展，公司出现了人人关心质量、重视质量的氛围，因此，公司的质量管理工作得到了突飞猛进的提升。

3.增强产品的科技含量，提高产品的内在质量，以诚信赢得消费者。近年来，针对市场竞争激烈和假冒伪劣充斥市场的现状，公司董事长季克良提出了"把消费者的满意度作为判定产品质量的标准"的指导思想，公司投入大量资金，在稳定提高产品内在质量的同时，对产品的包装进行了多次改进。在提高内在质量方面，公司从茅台酒生产所需原料——高粱、小麦着手，与地方政府合作建立了茅台酒原料基地，并严格按照世界通行的有机原料基地建设和种植操作规程进行原料的生产。在茅台酒生产过程中，也严格按照有机食品生产加工操作规程进行生产和包装，经过艰苦的努力和严格的管理，茅台酒系列产品在1999年获得了国家绿色食品发展中心的绿色食品认证，2000年茅台酒被国家质检总局认定为原产地域保护产品，2001年茅台酒获得了国家有机食品发展认证中心的有机食品认证，成为国内唯一获得绿色食品、有机食品和原产地域保护产品三项荣誉于一身的白酒品牌。在包装改进方面，公司在保持茅台酒原有风格不变的前提下，重点从提高包装材料的质量和包装档次上下功夫，从1996年以来，已对茅台酒外包装进行了十多次修改。公司通过这种"靠质量占领市场，以诚信赢得消费者"经营战略的实施，使得近几年来茅台酒在激烈的市场竞争中始终立于不败之地，各项经济指标均呈现出高速增长势头。

4.加强产品防伪和打假力度，维护国酒茅台品牌的形象和声誉。改革开放以来，由于我国的市场机制尚在逐步建立和完善之中，一些市场规则还未建立起来，加上政府部门职责不清，打假力度不足，一度出现市场经济秩序混乱、假冒伪劣产品充斥市场、消费者利益受损、名牌产品被假冒的现象，名牌企业深受其害，尤其是知名品牌更是如此。针对这些问题，为了保护消费者利益，为了遏制假冒伪劣产品坑害消费者和损毁国酒品牌的形象和声誉，近年来我公司投入亿元巨资用于产品的防伪和市场打假。在产品防伪方面，从 20 世纪 90 年代初开始先后在产品上采用了激光全息技术、电脑喷码技术等进行防伪；1998 年公司在产品上使用了从美国"3M"公司引进的反光水印防伪技术；1999 年公司又从加拿大引进了紫外荧光防伪技术，进一步提高了产品的防伪能力和功能，增大造假的难度；在新千年到来之际，2000 年 5 月，我公司又在产品上启用了同时具备"反光水印、紫外荧光和动感秘纹技术"等综合防伪功能的高科技防伪标识，对假冒茅台酒起到了更大的遏止作用。在市场打假方面，从 80 年代末开始，公司就组建了打假队伍，配合政府部门进行市场打假，进入 90 年代中期以来，这项工作得到了进一步加强，公司专门成立了市场打假小分队，一方面配合政府部门进行市场打假，另一方面对市场假冒严重的地区进行主动出击，至目前为止公司专兼职打假人员已有 200 多名，可以说，只要有假冒茅台酒的地方，就有我们的打假队伍。通过在产品上使用这些高科技的防伪技术产品和开展市场打假，有效地遏制了制假、贩假茅台酒行为的发生，使得近几年来市场上假冒茅台酒明显减少，为消费市场争取了一片净土，在维护消费者的合法权益的同时，也使我公司产品销量得到了快速增长，取得了较好的经济效益和社会效益。

5. 实施名牌带动战略，加大新产品开发力度，增强产品的市场竞争力。多年来，由于受计划经济的影响，我公司长期处在单一产品的格局，这给企业的发展和品牌的延伸带来了很大的局限性。为此，在 20 世纪 90 年代初，公司提出了"一品为主，多品开发"的品牌战略，投入了大量的人力、物力和财力用于新产品的研制和开发，先后研制开发了 43%（V/V）、38%（V/V）、33%（V/V）中低度系列茅台酒和 15 年、30 年、50 年、80 年技术含量高的陈年系列茅台酒和汉帝茅台酒；为参与国际市场竞争，开发了具备洋酒风味的茅台威士忌和具备保健功能的茅台不老酒；为打破香型的限制，开发了浓香型的贵州特醇、茅台醇、茅台液等新产品；为满足不同层次消费者的需求，近两年公司还开发了中低档酱香型的茅台王子酒和茅台迎宾酒等系列新产品。同时，通过投资控股遵义啤酒厂，开发了茅台啤酒，通过投资和利用无形资产参股河北昌黎葡萄酿酒公司，开发了茅台干红葡萄酒。通过名牌带动效应，这些新产品以上乘的质量和优良的品质投放市场后，深受广大消费者的青睐，产品畅销全国各地，出口东南亚、欧美等50多个国家和地区，成功实现了国酒茅台品牌的延伸，为国家和企业创造了极大的经济效益和社会效益。

6.加强企业改革，实施品牌的低成本扩张战略，壮大企业竞争实力。90年代初，公司就提出了"一业为主，多种经营，一厂多制，全面发展"的品牌扩张战略，进一步深化企业改革。1996年，我公司作为贵州省现代企业制度改革试点企业，按照《中华人民共和国公司法》的要求对企业的法人治理结构进行了规范和调整，对职责进行了明确，对产权进行了界定，同时对企业内部组织结构和工作职责进行了重新调整和分配，完成了企业从工厂制到公司制的过渡。我公司在进行了现代企业制度改革后，为壮大企业规模和实力，增强企业经济和参与市场竞争的能力，应对激烈的市场竞争，通过投资、融资、兼并、控股、参股等多种形式组建了中国贵州茅台酒厂集团。几年来，先后成功兼并了贵州习酒总公司，投资控股了遵义啤酒厂等几家濒临破产倒闭的企业；投资参股了遵义市交通银行、南方证券公司、贵州久远公司等多家企业，在使这些企业重获生机和活力的同时，也成功实现了国酒茅台品牌的低成本扩张。为积累社会闲散资金，用于发展国酒茅台事业，1999年底我公司作为主要发起人，联合深圳清华大学研究院、贵州省轻纺工业联社等8家单位共同发起成立了贵州茅台酒股份有限公司，经过充分的酝酿和准备，国酒茅台股票已于2001年7月在上海证券交易所成功发行。到目前为止，国酒茅台集团已拥有全资子公司3个、控股公司5个、参股公司近10个，公司的规模和资产均获得了快速增长，至2001年底，公司总资产已突破50亿元，进一步壮大了企业的经济实力和参与市场竞争的能力，同时也产生了较大的经济效益和社会效益。

三、效益

1.经济效益。通过加强对国酒茅台品牌的战略管理和创新，使我公司在"九五"期间获得了较好的经济效益，实现了国酒茅台发展史上新的辉煌。

"九五"期间是我公司建厂以来发展最快、效益最显著的时期，一是生产规模逐年扩大：从1996年至2000年，累计生产茅台酒24376吨，比"八五"期间的13698吨增长了0.8倍；累计销售茅台酒12756吨，比"八五"期间的7156吨增长了0.8倍，2000年茅台酒厂集团公司白酒产销量均突破万吨大关。二是经济效益快速增长：从1996年至2000年，累计实现工业总产值31.85亿元，比"八五"期间的11.16亿元增长了1.85倍；累计实现销售收入43.14亿元，比"八五"期间的14.18亿元增长了2倍；累计实现利税25.18亿元，比"八五"期间的8.91亿元增长了1.8倍。

2. 品牌和社会效益。通过加强对国酒茅台品牌的战略管理和创新，取得了较好的品牌和社会效益。一是公司的经济实力和参与市场竞争的能力明显增强：到2001年底，茅台集团公司的总资产已达到50亿元，比"八五"期间的10.725亿元增长了4.1倍，初步形成了跨地区、跨行业、多品种的特大型企业集团，进一步增强了企业参与市场竞争的能力和抵御风险的能力。二是取得了显著的社会效益：通过实施品牌的扩张，兼并控股那些濒临破产倒闭的企业，即使这些企业在名牌的带动下重获生机和活力，又增加了就业机会，减轻了社会压力；通过防伪和市场打假，有效遏制了制假、贩假行为，既维护了品牌的形象和声誉，又保护了消费者的合法利益。三是企业的知名度和产品的市场占有率明显提高："九五"期间，我公司先后获得了"全国质量管理先进企业""全国质量效益型企业""全国保护消费者权益最高奖——保护消费者杯""全国食品行业科技进步优秀企业"等殊荣。通过"靠质量占领市场，以诚信赢得消费者"战略的实施，使茅台酒系列产品赢得了国内外广大消费者的普遍认同，也使得近几年内茅台酒系列产品的市场占有率上升了近5个百分点。

强化企业管理，实施品牌战略，创国酒辉煌

陈孟强

中国贵州茅台酒厂有限责任公司位于黔北风景秀丽的赤水河畔茅台镇，2001年实现销售收入21亿元、创利税12亿元，属于国家特大型企业，同时也是中国白酒行业唯一的国家一级企业、全国优秀企业（金马奖）、全国质量管理先进企业、全国质量效益型先进企业，是全国知名度最高的企业之一。其主导产品贵州茅台酒是世界三大名酒之一，也是我国大曲酱香型白酒的鼻祖，以酱香突出、典雅细腻、回味悠长、空杯留香持久等特点和风格而冠盖群芳。

公司前身贵州省茅台酒厂成立于1951年，是在购买和合并"成义""荣和""恒兴"三家私人烧房的基础上建立起来的。建厂50年来，特别是党的十一届三中全会以来，茅台酒厂发生了翻天覆地的变化，资产规模从不足10万元提升到60多亿元，茅台酒产量从75吨提升到8000多吨。在"八五""九五"期间，得益于党和国家改革开放的政策，企业获得了高速发展，各项经济技术指标每年均以两位数的速度增长。同时，茅台酒厂现代企业制度改革也取得较好的成果。1997年，我公司作为贵州省现代企业制度改革试点企业，从工厂制改制成公司制，实现了企业经营方式和管理体制的根本性转变；1999年底，我公司又作为主要发起人，联合清华大学深圳生物研究所等8家单位共同发起成立了贵州茅台酒股份有限公司，后来茅台酒股票于2001年7月31日在上海证券交易所成功发行并上市。茅台现已拥有全资子公司3个、控股公司5个、参股公司近10个，已发展成为跨行业、跨地区、多品种的大型企业集团。

几十年来，公司之所以能取得如此辉煌的业绩，其根本原因，是贯彻了"一切服从质量，顾客就是上帝"的生产经营思想，坚持实施名牌发展战略，坚持强化企业内部管理、改革和创新所取得的成果。改革开放20年来，我公司在抓企业管理、改革、创新和发展等方面，主要做了以下几方面的工作。

106

一、强化以质量管理为中心的各项专业管理工作

1.长期不懈地加强全面质量管理，健全完善以顾客为中心的质量管理体系，走"质量效益型"发展道路。公司从建厂以来，历届领导始终把质量作为企业生产经营的永恒主题，把"质量第一、以质取胜"作为企业生产经营的指导思想，在继承传统工艺的基础上，不断总结创新，吸取精华，加强科学管理，增加科技投入，提高产品的科技含量，强化检测手段，使茅台酒的生产能力、质量都得到了大幅度提高。出厂的茅台酒严格通过各环节的质量把关和工序过程的质量控制，坚持"三检、二评、一控制"和"四服从、三不放过、五不准"的质量原则，长期坚持开展工序质量、产品质量审核活动，站在消费者的立场审视产品质量和找问题，不断进行质量改进，使茅台酒的质量在受控状态下不断稳步提高。多年来国家行检、社会监督抽查检测的结果均表明茅台酒质量始终保持 100% 的合格率。由于走"质量效益型"发展道路的方针深入人心，各项工作都讲质量、讲效益，各类活动都围绕产品质量来开展，公司出现了人人关心质量、重视质量的氛围，因此，公司的质量管理水平得到了突飞猛进的提升。公司自 20 世纪 80 年代推行全面质量管理以来，长期坚持开展群众性质量管理活动，至 2001 年底，已荣获国优成果 10 个、省部级成果近 40 个，还分别在 1991 年获国家首批"全国质量效益型"先进企业、1994 年获全国优秀企业——金马奖等荣誉称号，1999 年又分别获得"全国质量管理先进企业"和"全国质量效益型企业"称号。特别是自 1992 年以来，为适应国际国内市场竞争，公司又适时地提出了贯彻实施 GB/T 19000-ISO 9000 系列标准的设想。通过贯彻实施 GB/T 19000-ISO 9000 系列标准，健全完善了公司质量管理体系，并于 1994 年一次性通过了国家有关质量体系认证机构的 GB/T 19002-ISO 9002 标准质量体系认证；之后，又分别于 1998 年 1 月和 2000 年 12 月通过了认证机构的复评审核，2001 年底又通过了 ISO 9001—2000 版标准的换版认证，这标志着我公司的质量管理工作已与国际接轨，质量管理水平又上了一个新的台阶。

2.实施"绿色茅台、科技茅台"理念，提高产品内在质量和科技含量。进

入90年代以来，绿色消费已成为一种时代潮流，我公司从90年代中期开始就投入大量资金，从保证原料质量上下功夫，与仁怀市地方政府共同合作建设茅台酒原料（高粱、小麦）基地，目前已在仁怀市范围内建立茅台酒原料基地9个，种植面积达20多万亩，严格按照国家绿色食品和有机食品的要求进行种植和管理；同时加大茅台酒生产环境管理力度，投入巨资治理工业"三废"污染，贯彻实施GB/T 14000–ISO 14000环境管理标准，健全完善公司环境管理体系，实现企业可持续发展。通过努力，公司环境管理体系于2001年通过了GB/T 14001标准认证，茅台酒系列产品于1999年获得了绿色食品认证，2001年又获得了有机食品认证，使茅台酒成为目前国内唯一获得绿色食品、有机食品和原产地域保护产品三项荣誉于一身的白酒品牌。

3. 加大资金和成本管理力度，有效地控制成本费用。自1997年实施现代企业制度，进行公司制改革以来，公司就严格按照《公司法》和建立现代企业制度的要求，在企业内部实行全面预算和审计制度，对资金使用和管理进行严格把关，健全完善内部各种费用报销制度和财务管理制度，严格报表的统计和管理；建立了企业内部物资价格核算体系和消耗定额，完善计量监控设施，实施目标成本管理和节能降耗，有效控制成本费用，几年来公司各项成本费用指标已逐年下降，1999年可比可控费用在上年基础上下降8.2%，2000年可比可控费用比上年下降3.4%，2001年可比可控费用比上年下降3%。

4. 加大员工培训力度，提高员工整体素质。长期以来，公司始终坚持"以人为本"的思想，把提高员工素质作为一项工作常抓不懈，投入大量资金，采取分层、分批、送出去、请进来等多种方式对员工进行综合培训，让员工更新知识，掌握先进的生产工艺、技术和管理方法。从20世纪90年代开始，公司就明确规定，凡进厂员工，都必须首先经过50个小时以上的岗前培训，任何岗位和工种都要了解茅台酒的生产工艺，只有了解生产工艺才有利于开展和干好其他方面的工作。在工作中，每年还要根据生产和工作实际，分批分期地组织对员工进行生产工艺、质量控制、群众性质量管理活动、班组和现场管理等知识的更新和深化教育。同时，高度重视科技人员、管理人员的培养，使科技人员和管理人员的知识水平不断提高，以适应时代和市场竞争的需要，近3年来公司从各高等院校招聘了大专以上毕业生187人，同时还选派了30余人到高等院校深造，部分人员已取得了硕士学位，有的正在攻读博士学位；送外参加各种短期培训138人次，公司中高级管理人员基本都接受了市场经济和工商管理等知识的培训。

5.加强班组管理和现场管理，实施安全文明生产。班组是企业的血液，个企业的生产、管理和控制活动基本都是依靠班组和在班组现场完成的。自90年代初我公司开展企业升级活动以来，就把加强班组管理和现场管理作为一项日常工作来抓，建立了班组"六大员"制度，不断完善班组六大员工作职责和权限，使其在生产和工作中各负其责，促进企业各项基础管理工作在班组得到有效开展，保证了企业的各项决策在基层得到不折不扣的贯彻执行。同时，制定了《班组管理标准》和《班组升级考核实施细则》，从员工思想政治、主人翁精神、遵章守纪、完成生产工作任务、群众性质量管理活动与基础工作的开展、安全文明生产与现场管理等7个方面25项内容进行检查考核，长期坚持开展班组考核和班组升级活动，对优秀班组、先进班组进行奖励，对不合格班组进行惩罚，引入激励机制，促使班组管理和现场管理工作得到了较好的开展，使得自1999年以来生产过程中无重大特大安全事故发生，实现了安全文明生产。

二、注重企业两个文明建设和企业文化建设

公司改革开放十余年来取得飞速发展，一个重要的原因就是以树立并升华"爱我茅台，为国争光"的企业精神为核心，狠抓企业的精神文明建设。茅台人具有高度的荣誉感和历史责任感，把"爱我茅台，为国争光"的企业精神升华到爱国主义和爱社会主义的高度，这一企业精神，使职工进一步树立了金牌意识，激发了全体员工的自豪感、责任感和使命感，并使之转化为爱厂、爱本职工作的自觉行动，增强了企业的凝聚力，推动了企业精神文明建设，促进了勤政、廉政建设，赢得了上级机关"酒香、风正、人和"的高度赞扬，企业被授予"全国模范职工之家""全国轻工思想政治工作优秀企业""贵州省思想

政治工作优秀企业""贵州省精神文明建设先进单位"等光荣称号。精神文明建设的加强，确保了企业发展的正确方向，推动了企业以经济建设为中心的物质文明和企业文化的发展。

随着国家西部大开发战略的实施、中国加入 WTO 以及茅台酒股票上市的历史机遇，我公司"十五"4000 吨茅台酒扩改建工程已破土动工，今后公司将进一步强化企业管理，加大产品开发力度，拓展国际国内市场，健全营销和售后服务网络，为实现企业 21 世纪的腾飞而不懈努力奋斗。

1995年茅台酒生产总结及1996年茅台酒生产安排

陈孟强

同志们：

金风送爽，丹桂飘香。时值欢庆中华人民共和国成立46周年之际，我厂1996年下造沙工作会议再度隆重召开，我向大会报告1995年度茅台酒生产和工作情况并对1996年茅台酒生产提出安排意见，请大家予以审议。

一、1995年工作回顾

1995年是腾飞的"八五"计划的最后一年。我厂以党的十四届四中全会为动力，认真贯彻邓小平同志关于"科学技术是第一生产力"的思想，遵循"经济建设必须依靠科学技术，科学技术必须面向经济建设"的方针。在厂党委、厂行政的领导下，以党的基本路线和邓小平理论为指针，团结拼搏，深化改革，向现代企业制度挺进，坚定不移地深化质量管理，提高产品质量，坚持传统工艺，严格操作规程，走"以人为本、以质求存、继承创新"和"质量立业、质量兴厂"的发展道路，从而加快了我厂茅台酒生产的步伐，取得了1995年令人瞩目的成绩。

一是茅台酒生产有了新的突破，质量稳定提高。

1995年，茅台酒生产在全厂职工的努力下，克服自然灾害造成的困难，共生产茅台酒4217.111吨，完成计划119.35%，较上年同比增长了0.2%，剔除新增10个制酒班外，实际比上年净增3.596%。

二是茅台酒生产工艺更加稳定，产品质量又上台阶。

从已检验产品反馈的信息来看，1995年茅台酒一轮次至五轮次，已产酱香型酒759.518吨，占产酒量的22.46%，比上年同期增长3.9%。预计全厂全部检验结束时，酱香型酒产量数据将比上年大幅上升。其中一车间已产酒149.431吨，占产酒量的27.61%，比上年同期增长4.3%；二车间已产酒109.34

吨，占产酒量的 16.76%，比上年同期增长 1.54%；三车间已产酒 123.232 吨，占产酒量的 19.2%，比上年同期增长 5.19%；四车间已产酒 249.933 吨，占产酒量的 26.7%，比上年同期增长 5.05%；五车间已产酒 127.582 吨，占产酒量的 20.8%，比上年同期增长 1.29%。

从各车间统计的数据可以说明，酱香型酒产量，全厂均不同程度地增长，窖底香型也有显著提高。其中：二等窖比上年增了 3.1 吨，取得的成效是显著的。

三是茅台酒轮次产量更趋于合理。

1995 年，整个生产周期的产酒量曲线明显呈抛物线，符合两头小、中间大的生产规律。一、二次酒产酒量较上年同期下降了 19.3%，三轮次至七轮次比上年增加 167.96 吨。反之，一、二次酒质量（合格率）比上年同期增长 1.5%，三轮次至七轮次酒产量增加，质量也同步上升，在已检验的 795.518 吨酱香型酒中，三轮次至七轮次酒就占了 759.22 吨，在 125.936 吨窖底香酒中，三轮次至五轮次酒就占了 103.201 吨，这充分说明了控制投料水分（工艺范围），降低一、二次产量，是提高茅台酒质量的关键一环，也是确保茅台酒后期生产质量的基础。兵家云："以退为进，乃其意也。"

四是再度实现二次酒超过一次酒的目标。

提高一次酒的质量，实现二次酒超过一次酒的目标是一个战略决策的问题。必须坚持长期不懈的努力。认真贯彻落实茅台酒传统工艺，将其发扬光大，切实提高一次酒质量，确保二次酒超过一次酒。因此，1995 年度在各车间、班组的共同努力下，68 个制酒班除个别班外，全厂 5 个制酒车间均实现了二次酒超过一次酒的目标，比上年有了显著的提高。

1995 年，茅台酒的生产量在上年的基础上又新增 500 吨，生产规模进一步扩大。尽管有自然灾害造成的水电困难，但是，全厂职工不畏困难，在厂党委、厂行政的领导下，顽强拼搏，充分发扬"爱我茅台，为国争光"的主人翁精神，相互协助，紧密配合，认真贯彻 1995 年下造沙工作会议精神，继承和发扬茅台酒传统工艺，严格执行茅台酒操作规程，严格控制投料水分，严格做好润粮关、糊化关，认真进行工序质量审核，开展社会主义劳动竞赛，使1995年茅台酒生产实现了优质、高产、低耗的胜利局面。总结起来，我们主要做了以下几方面的工作。

（一）统一茅台酒生产工艺的认识

1994年底，我厂通过了长城（天津）质量认证机构的质量体系认证。从而带动了全厂整个管理水平的提高。通过质量认证，发现了我们工作中存在的不足，如有的工艺文件中有极少数地方与生产工艺不完全吻合，有的要求还不是很具体，可操作性不强。此外，有些标准还需要进一步修改完善。因此，1995年度，我们把完善和改进工艺规程作为技术管理的主要内容来抓。从1994年10月起，在总工室的带领下，生产技术处全体同志及制酒一车间、五车间的工艺人员，深入车间、班组，广泛征求意见，进行了几上几下的调查研究，先后对《茅台酒生产操作作业书》《制曲生产操作作业书》《包装生产操作规程》工艺文件作了修改，对制酒、制曲、勾兑、贮存、包装、检验等工作中的14个关键工序制定了从原料粉碎到包装出厂检验的质量标准。由于修改和制定了操作作业书和各工序质量标准，既便于各班掌握、衡量、检查各工作点质量，又做到了提高产品质量有法可依、有章可循，也进一步加深了职工对茅台酒生产工艺规程的认识，提高了正确执行茅台酒生产工艺的自觉性，确保了1995年茅台酒生产质量的大幅提高。

（二）以"质量第一、酱香是重中之重"的指导思想，坚持工艺把关，狠抓工艺规程的执行

1995年下造沙工作会议明确指出："必须抓好茅台酒生产各个工序质量，只有提高了各个工序质量，才能确保产品质量。"因此，1995年度摆在全厂各车间面前的首要问题就是认真落实工艺要求，严格控制投料水分，把好发粮关、糊化关，搞好投料期各工序质量，以保证茅台酒生产质量的提高。

具体做法：

（1）投料水分的有效控制

1995年，通过多年生产积累经验，综合大家的意见，提出"必须严格控

113

制投料水分，要求在 1994 年的基础上下降 0.5~1 个百分点"的指标，全厂上下统一思想，明确目标，开展了认真的讨论。取得共识后，1995 年投料水分的控制取得了明显成效（见表 2-1、表 2-2）。

表 2-1　下沙第一个窖平均水分

单位 年度	一车间	二车间	三车间	四车间	五车间	全厂
1995	40.29	40.86	40.52	39.11	39.46	39.17
1994	42.02	42.06	42.07	40.13	40.03	40.37
差值 ±	-1.73	-1.20	-1.55	-1.02	-0.57	-1.20

表 2-2　下沙第二个窖平均水分

单位 年度	一车间	二车间	三车间	四车间	五车间	全厂
1995	38.67	39.03	39.46	39.11	39.46	39.17
1994	39.85	40.25	40.40	39.91	40.58	40.23
差值 ±	-1.18	-1.22	-0.94	-0.80	-1.12	-1.06

从表 4-22、表 4-23 中数据可以看出，1995 年投料水分比 1994 年平均下降 1 个多百分点。全厂除一、二、三车间下沙第一个窖平均水分大于 40% 外，其余各车间均在 40% 以下，各车间控制水分的手段更完善，第二个窖比第一个窖明显下降，至整个投料结束，总体平均呈下降趋势。其中，四、五车间控制相当稳定，波动范围极小。

（2）控制原料破碎程度，贯彻"宜粗勿细"的宗旨，投料破碎度满足工艺要求

根据《制酒生产操作规程》原料破碎程度不得超 ±2% 的规定，1995 年将原料的破碎度列为工艺检查的一项重要内容。下沙一开始，生产技术处就派出工艺人员主动配合制曲车间到现场随时抽样，随时调整，做到坚决杜绝超标准现象。各车间也积极配合，根据润粮吃水情况，认真检查破碎度的比例，随时将破碎度的信息反馈到生产技术处和制曲车间，严格按工艺规定操作。从抽

检的 178 个数据来看（下沙 67 个，造沙 111 个），均在规定范围内，做到了有效控制（见表 2-3、表 2-4）。

表 2-3　1995 年下沙破碎情况

项目＼单位	一车间	二车间	三车间	四车间	五车间	全厂
X	19.45/80.55	19.93/80.07	19.67/80.33	19.56/80.44	20.25/79.75	19.73/80.27
Xmax	19.00/81.00	19.00/81.00	18.40/81.60	18.50/81.50	19.00/81.00	18.40/81.60
Xmtn	20.75/79.25	20.90/79.10	21.50/78.50	22.00/78.00	21.50/78.50	22.00/78.00
R	1.75	1.90	3.10	3.50	2.50	3.60

表 2-4　1995 年造沙破碎情况

项目＼单位	一车间	二车间	三车间	四车间	五车间	全厂
X	29.62/70.38	29.01/70.09	29.76/70.26	30.78/69.22	30.78/69.22	29.98/70.02
Xmax	29.00/71.00	29.00/71.00	28.50/71.50	28.50/71.50	28.50/71.50	28.50/71.50
Xmtn	30.60/69.40	30.70/69.30	30.90/69.10	32.00/68.00	32.00/68.00	32.00/68.00
R	1.60	1.70	2.40	3.50	3.50	3.50

（3）把好润粮关，严格蒸粮时间，保证糊化标准

1995 年度下沙工作会议重点强调了润粮和糊化的关系，并指出："要继续抓好润粮质量，做到几个方面，一是要使粮吃透水，杜绝跑水现象；二是要使粮食吸汗，无稀皮现象；三是防止粮食发芽、消耗营养。"根据这一指导思想，各车间从 1994 年度四车间发粮现场会的经验中，拓宽思路，各自发挥自己的优势，采取"集中优势兵力，打歼灭战"的策略，一个堡垒（一个堆子）一个堡垒地攻击，做到粮食发透、翻拌均匀，无跑水现象。据生产现场多次检查，90% 以上的班组基本做到粮食吸汗，无水分流失，特别是一、三、四车间做得较好。

1995 年蒸粮时间普遍减少，基本上保证下沙在 2 点 10 分左右，造沙在 2 点 30 分左右，当然各车间、班组差距还比较大。这是个需要进一步探索的问题。从检测的 35 糊化率数据看，二、四车间分别为 13.48%、14.20%，一、三车间分别为 10.19%、12.21%，直观检测三车间，粮食蒸熟程度较其他 4 个制

酒车间熟一些。

（4）曲药的使用控制实现了一个新的局面

曲药是茅台酒香味前驱物质，其使用合理与否，关系到酒的质量好坏，为了用好曲，《制酒车间1995年经济责任制》规定："曲药用量浮动（包括特殊情况用曲在内），不得超计划的6%（含6%），超用曲量只能在三次酒以前使用，三次酒后必须按轮次计划用曲。"因此，1995年全厂用曲量的控制是近十年来最好的，做到了合理使用。

从统计的数据看，二次酒前，各车间投入的曲量，均比计划多投4%以上，最大的达到了7%。三次酒后使用的曲量逐渐减少。至六次酒结束，最大用曲量为104%左右，最小的只占101%左右。这样前大后小的使用量控制，越发趋于合理，为进一步提高茅台酒质量，降低消耗又迈出了新的一步。

（三）严格茅台酒生产技术管理

1995年，季克良厂长在十一届第四次职工代表大会中指出："要扎扎实实地抓好各项管理。要抓好管理，关键是使管理工作具体化，从严管理，严格考核，兑现奖惩，管理才能硬起来。各部门要结合本部门的实际，对管理标准进行细化，拟出实施细则，认真贯彻执行。"因此，围绕茅台酒生产各环节，各单位、部门充分发挥各自的职能，服从于生产，服务于生产，使1995年茅台酒生产再创新的辉煌。

（1）严格执行"轻水分"的指导思想

近几年来在茅台酒生产中，我们一直都在抓轻水分投料，对于提高质量是有显著效果的。但是，也还存在一些不同的思想：一是"怕"字当头，担心完不成任务，经济收入受到影响；二是求"稳"的思想，水分大一点，能让产量有保证，生产风险小。这两种思想在全厂为数极小，但不同程度地给贯彻执行"轻水分"的要求，增大了阻力。因此，1995年下造沙工作会议明确指出："1995年投料水分必须要在1994年的基础上下降1个百分点"，并要求各车间领导、工程技术人员、各班酒师、班长要高度重视，统一认识。酒师、班长首先要转变观念，解除顾虑，坚持"当产量与质量发生矛盾时，产量服从质量，当效益与质量发生矛盾时，效益服从质量"的原则，严格执行工艺，坚持"轻水分"。通过共同的努力和严格管理，分析检测的结果显示，1994年（下沙）由40.23%，下降到40.85%，达到了预期目的。

（2）认真收缴一、二次酒

彻底收缴一、二轮次酒，对于少数指导思想不端正的班组的眼前利益会有影响，所以在具体实行中一直都存在阻力，虽然我们采取措施，让彻底收缴一、二轮次酒的认识有所改变。但是，还不能忽视此项工作，1995年还必须继续抓好一、二次酒的收缴工作。生产技术处在厂领导的带领下，得到了厂纪委、监察部门的大力支持，在科研、检验、质管、法规等部门的有力配合下，组织了充分的人力，对各制酒班组进行为期两天的细致检查，各车间领导积极支持、密切配合。对68个班、上千个酒坛逐一检查，基本上杜绝了存放一、二次酒的现象，保证了后几个轮次酒的质量，在1994年的基础上又提高了一步。

（3）坚持"走动式"管理，严格工艺监督

"走动式"管理是茅台酒厂生产管理的一个特点。通过"勤走、勤看、多问"的形式，起到了深入调查，正确分析，及时纠正的重要作用。因此，厂领导、生产技术处全体工艺人员及化验人员长年坚持到生产现场处理和解决生产问题，指导帮助班组正确执行工艺规程，对重点工序进行检查监督，及时反馈信息，为车间、班组提供可靠的技术数据。1995年召开了5次较大的生产技术分析会，解决了投料水分的认识问题，检测了2231个分析数据，及时编发了19期《生产简报》。质管、科研、检验等部门抽出时间，多次在车间、班组认真开展工序质量审核等工作，有力促进了茅台酒生产的稳定发展。

（四）逐步完善经济责任制，充分调动职工积极性

实行经济责任制是调动职工积极性的有效措施。在基本统一认识的基础

上，本着"提高质量为目的，向质量倾斜"的指导思想，对 1995 年的制酒经济责任制进行了修改。为体现"酱香是重中之重"，对酱香型酒计划内增加 100 元 / 吨，把窖底酒进行分等奖励，加大一等窖、二等窖的奖励幅度。取消了特殊奖中的产量名额，降低了超产奖名额，增加窖底、酱香奖励名额等。由于把职工的经济利益同承担的经济责任和实现的经济效果联系起来，即把"责、权、利"三者统一起来，坚持"责"是核心，坚持拉开奖励档次，克服分配中的平均主义，坚持把责任制和责任心结合起来，使广大职工有想头、有奔头，增强了主人翁责任感，调动了积极性，所以 1995 年度广大职工不惧繁重的劳动，不畏炎热，在六次酒的生产中受到严重的自然灾害影响，但职工们调整了生产作业时间，起五更，睡半夜，以高昂的精神，投入生产，将损失尽量减少，为实现 1995 年的优质、高产目标起到了积极作用。

（五）积极开展劳动竞赛

职工的积极性是企业的活力源泉，要不断地充分让其得到发挥，劳动竞赛是一种好的形式。通过劳动竞赛，能增进团结，学习技能，提高整体素质。1995 年度的劳动竞赛方案在 1994 年的基础上作了部分修改，重点突出了质量奖励，要求当轮次完不成产量计划的、合格率达不到当轮次要求的、出现低度酒的，就取消当轮次竞赛基金，并取消了六轮次完成国家计划奖励 1000 元的规定。因此，摆在制酒车间面前的要求越来越高，难度也相应增大。但是，各车间、班组从质量的根本出发，分别按照各自的职责认真执行厂部决议，拟出有力的措施和对策，组织了人与人、班与班、甑与甑的竞赛活动，为多产一斤酒，多出一坛酱香、窖底，认真开展比产量高、质量好、技术精的上甑对手赛，为我厂 1995 年茅台酒生产打下基础。

（六）强化调度职能，加强调度管理

1995 年的调度工作，不但要继续管理和协调好水、电、气的供应工作，还要安排好各生产环节的建设；不但要及时检查，安排维修项目，还要积极配合组织新生产能力的上马工作。因此，调度工作量大，难度也高，困难也大。

但是，生产技术处克服了人少、战线长、交通不便以及通信设施跟不上的多种困难，与设备处配合，坚持长年值班，很多同志放弃假日，不要补休，不要加班费，靠有限的人力，靠两条腿，跑遍全厂，及时传达厂部命令，积极协调，主动配合，调度好水、电、气的保障供应。特别是在供电遭受严重的自然灾害影响后，动力车间的领导全力以赴投入战斗，跑南坳、奔车间，及时了解供电、供水情况，调整供电线路，调度安排好生产作业时间，做了大量的工作。

生产技术处还及时协助厂领导组织召开生产调度会，研究和解决维修中存在的问题，帮助车间解决困难，检查监督有关部门执行决议的情况，对茅台酒生产起到了推动作用。总之，1995年调度取得了新的进展，为提高经济效益做出了应有的贡献。

（七）团结协作，共同拼搏，为生产排忧解难

1995年，各部门、各单位心往一处想，汗往一处流，同心协力、顾全大局，做了大量的工作。动力车间服从调度，认真开展竞赛活动，及时保证了水、电、气的供应，制曲车间在原料供应不足的情况下，积极调配人员，采取分期分段的作业方法，主动配合基建处新500吨/年制曲工程的启动，为完成年计划争取了主动，供销公司、汽车队同心协力，很好地完成了原料供应和运输任务，保证了生产。生产服务处克服就餐点多、面广的困难，为一线职工的就餐做出了努力，生产、设备、小车队等长期配合，坚持值班制度，及时调度生产，保证生产顺利进行。此外，检验部门在生产不断扩大、产量逐渐增加、检验防范不变、人员未增加的前提下仍能及时提供质量信息，为指挥生产提供了可靠依据。科研、教文、劳资、宣传等部门认真履行职能，作出了应有的贡献。

1995年，我厂各部门兢兢业业地为实现茅台酒生产优质、高产做了工作，取得了可喜的成绩，但工作仍存在不足，需在1996年工作中进一步改善。一是全厂生产仍不平衡，轮次与轮次、班与班、窖与窖产量波动大，产量相差10吨以上，酱香型酒相差20吨。二是个别班，极少数人对执行工艺仍不坚决，甚至粗制滥造。三是还有低度酒出现（至五次酒止），数量达19.931吨。四是

水、电、气供应仍有不正常现象，不能满足生产需要，因停水、停电造成的损失达 31.822 吨。五是个别班组劳动纪律有待加强，请人代班、顶班现象仍不同程度地存在。

二、1996 年茅台酒生产的安排

——茅台酒生产量

计划 3796 吨，力争完成 4000 吨。

——茅台酒生产质量

酱香型酒计划 431.6 吨，计划量为总产量的 11.37%；力争实现 16%，完成 607.36 吨。

窖底香型酒计划 95.69 吨，计划产量为 2.5%，要求多产一、二等窖底香。

——新酒合格率计划为 94.08%，力争实现 96% 以上

——制曲计划为 13000 吨，力争超产

生产的指导思想：

1996 年是"九五"计划的第一年，是打基础的一年，面临的任务是非常艰巨的。全厂职工必须在厂党委和厂行政的领导下，认真贯彻邓小平同志的"科学技术是第一生产力"的思想。继续坚持"以人为本、以质求存、集成创新"的企业方针，坚持走质量效益型道路，使 1996 年茅台酒质量再上一个新台阶。

今年要解决好的几个方面：

一是投料水分再降一点；

二是继续抓好提高一、二次酒质量，实现二次酒超一次酒；

三是生产中反映出的各项指标要更趋于均衡；

四是进一步重视和研究堆积质量和产酱香型的关系；

五是技术管理再上一个新台阶。

要完成以上任务，我们要抓好以下几个方面的工作。

（一）认真贯彻茅台酒工艺规程，严把各工序质量关

茅台酒声誉源于质量，茅台酒厂信誉源于质量，茅台酒的质量必须依靠

广大职工牢固树立质量第一的思想，认真贯彻工艺规程以及厂里的一切规定和管理才能实现。要打好1996年生产基础，就要抓好以下几个关键工序。

（1）控制好投料水分

要提高茅台酒质量，投料水分是一个关键参数。近几年，"轻水分"都是我们工作的重点，其结果也是有效的，1989年造沙平均值为43.90%，1990年为43.34%，1991年为42.93%，1992年为43.64%，1993年为43.65%，1994年为42.05%，1995年为40.85%（以上均是算术平均值）。应该说这样的水分是比较低了，为什么今年还要求再降一点，因为从一、二次酒产量看，我们认为还是有潜力可控的。1995年生产一次酒产量最高的车间占年计划产量的12.33%，二次酒产量最高的两个车间占17.28%和16.34%。这样的产酒比例我们认为高了一点，另外，现在的生产条件比原来好得多，发粮水温有保证，发粮方法也在车间不断的总结中变得更合理有效，再从1995年产量来看，六次酒占计划的15.03%，而1994年为12.86%，1995年七次酒占计划的8.61%，1994年为6.44%，从酱香型酒来看，1995年一次至五次酱香占产量的22.46%，1994年为18.56%。为了后几轮次多产酒，产好酒，所以提出水分还要再降一点。

（2）认真抓好润粮和蒸粮工作

"润粮"是制酒生产的第一道工序，也是关键工序，能否实现水分再降一点，质量能否再有提高，关键是要抓好"润粮"这个基础。虽然每年都在讲"首推发粮"，各车间也把发粮润粮作为关键来抓，也总结了很多合理有效的办法，但还存在个别班组认识不足、重视不够、抓得不紧的问题。这给以后的生产造成严重的困难，导致产量少、次品多，乃至出现酱香型产量低的结果。对于润粮，我们仍然要求水温要达到要求，发匀发透，收汗无异味。希望各车间、班组要作为重点来抓，严格进行考核。

"蒸粮"是为了把淀粉变成糊精，供给淀粉酶分解为可发酵性糖，不同香型的酒，不同工艺生产的酒，对糊化程度的要求是不同的，特别是茅台酒，投

121

料后分七个轮次取酒，轮次产量能否合理，一、二次酒质量是否好，全年生产能不能多产酱香型酒，除了合理的水分和润好粮外，"蒸煮"环节也是不可忽视的。糊化过头，就会导致一、二轮次产酒多、酒味平淡，还会出现酸味重、后轮次产酒少、酒的焦煳味、苦味重等问题。若糊化不够，则会导致一、二轮次产酒少，甚至不产酒，酒涩味重，也产酸酒，若是一、二轮次酒中处理不好，则后面的产量、质量都会到受影响。

近两年的生产中，各车间、班组都在重视和研究"蒸粮"时间，有的相差也较大。请各车间今年要重视这个问题，在总结前两年生产的基础上，制定措施，抓好这一环节。下造沙蒸粮时间要拉开距离，达到20~30分钟。

（3）重视"堆积"，多产好酒

茅台酒工艺的特点，很重要的一点是高温。高温制曲、高温堆积、高温接酒，几期的科学试点工作从曲子和酒醅中水分的检测密度，制定出合理的标准的检测方法，提高水分测定的准确度。班组车间对水分的投入量要计算准确，进行计量化验人员、工艺人员要深入生产现场帮助班组计准投入量，并加强责任心，按照检测的操作方法进行抽样检测，测定过程中要全心全意严格操作规程，做出准确的数据，及时反馈到各有关部门和车间班组。还要测定糊化率，摸清糊化率与产质量的关系。

（二）加强"走动式"管理方法

这几年，我们坚持了走动式管理，对茅台酒生产的监督和检查起到积极的作用。因此，今年从下沙开始，全厂生产技术人员（包括厂领导、总工室、生技、科研、技管），都要深入到车间班组进行巡回检查，特别是生产技术处、各车间的工艺人员更要全力以赴，集中全力到生产现场跟班定窖检查，选准课题，总结经验，及时帮助班组进行推广和学习，对影响或违反操作规程的要及时教育和纠正。生产技术处要根据生产的进度和生产中存在的问题，及时组织召开生产现场会和生产技术分析会，在检查中发现了班组、车间好的经验，要及时总结推广，促进全厂的工艺管理提升。

（三）进一步完善工序质量审核制度，严把关键工序关

1995 年坚持了工序质量审核制度，使茅台酒生产的关键环节均在受控之下，促进了茅台酒厂质量的提高。同时，1996 年要继续坚持质量审核，完善质量审核制度，增加质量审核的密度，使生产过程中各关键工序处于受控状态。总工室、质管、生产、检验、科研等部门要积极配合，协同工作，推动质量审核工作的发展，提高茅台酒生产管理水平。

（四）加强调度工作，强化调度职能

毛主席教导我们，"加强纪律性，革命无不胜"。工业生产离开了纪律性，生产就无法进行，就会给企业带来不可避免的损失。因此，调度工作在 1996 年的茅台酒生产管理中，一是要对生产中可能发生的问题进行处理调度。二是要协调好与生产相关各部门的工作，保证生产各部门之间信息的沟通。三是安排好各生产单位的作业计划，及时组织好生产。四是强化调度工作，坚持值班制度，做到调度工作快、准、灵、全。与生产有关的各个部门和单位，必须服从于生产调度安排，调度就是命令，不能互相扯皮推诿，更不允许干扰调度工作的事情发生，调度部门也必须深入基层，调查研究，多了解情况，减少调度工作的失误。

（五）继续收缴一、二次酒，提高一、二次酒质量

这两年来，坚持收缴一、二次酒，已取得了很大的成绩，防止"小酒库"勾兑，对提高后几个轮次酒的质量，也是众口皆碑。所以，1996 年对收缴一、二次酒的工作，生产技术处仍要作为重点工作来抓，各有关单位和部门要继续主动配合，做好思想工作，厂监察部门仍要将一、二次酒的入库工作列入纪律来检查，各制酒车间班组务必主动配合。

低度酒问题，在 1995 年度一轮次至六轮次酒中仍然存在，屡禁不止。这是各班组在 1996 年茅台酒生产中要引起重视的问题。因此，在 1996 年度的制酒生产中，必须强调杜绝低度酒的出现。要加强劳动竞赛，将接酒质量、杜绝低度酒列入比赛项目。对接酒质量差、接酒浓度低的班组和个人要增加惩罚的力度，使之从根本上杜绝。

（六）提高生产服务态度，为提高茅台酒产质量做贡献

生产要上去，服务要周到。生产服务态度的好转，会给生产一线职工带来极大鼓舞。因此，生活服务处要为一线职工安排好生活与福利，要能吃好、吃满意，防止食物中毒。生产、科研、质检、设备等生产部门要为 1996 年的茅台酒生产做好工作。尤其是生产化验室和科研所的化验人员要通力合作，随时进行抽检，提供分析数据以指导生产。原辅材料、工用具等方面的工作要及时跟上，保障供应质量。公安、安全、武装、保卫等部门要为茅台酒生产创造一个良好、安定的生产工作环境和社会秩序。政工、后勤等部门要深入车间、政组，加强宣传教育的力度，要多做思想政治工作，为职工排忧解难，排除思想障碍，安心生产，提高工作效益。

同志们，1996 年茅台酒生产任重而道远，搞好茅台酒生产，提高茅台酒质量是全厂职工特别是全体科技人员肩负的光荣而艰巨的历史重任，我们务必以必胜的信念、艰苦的努力、扎实的工作，开创茅台酒生产的新篇章，创造出更光辉的明天。

1995 年 10 月 5 日

2002年全国质量管理先进企业申报材料

贵州茅台酒股份有限公司创立于1999年11月20日，是由原中国贵州茅台酒厂有限责任公司作为主要发起人，联合中国食品发酵工业研究所、上海捷强烟草集团公司等8家单位共同发起成立的股份制企业，注册资本18500万元，公司总部位于黔北赤水河畔的茅台镇，总占地面积76万平方米，建筑面积67万平方米，截至2001年底，拥有总资产50亿元，现有员工3548人，其前身中国贵州茅台酒厂成立于1951年，是国家520户重点国有企业之一，是全国白酒行业唯一的国家一级企业、唯一的特大型企业、唯一荣获国家企业管理最高奖——金马奖的企业、全国首批质量效益型先进企业和全国质量管理先进企业。其主要产品贵州茅台酒是我国大曲酱香型白酒的鼻祖，曾14次荣获国际金奖，蝉联历届国家名酒评选之冠，被尊为中华人民共和国国酒，是目前国内唯一获得有机食品、绿色食品认证和原产地域保护产品三项荣誉于一身的白酒品牌。公司"贵州茅台"商标品牌在国内享有崇高的声誉，位居全国"十大驰名商标"榜首，2001年被评为中国最具国际影响力的驰名商标。

国酒茅台的创业历程，展示了茅台酒厂科学的质量管理之路的形成过程。回顾这个过程中我们的质量管理工作，主要做了以下几个方面。

一、先进的质量管理，完善的质量体系

公司于1992年底决定开展贯彻ISO 9000标准的工作，于1994年初制定了公司《质量手册》和《质量体系程序文件》并发布运行，1994年底一次通过了认证机构的现场审核认证。

公司质量体系从1994年底通过认证至2001年按ISO 9000—2000版标准对体系进行换版的6年中，我们对质量体系文件进行了80多次的修改和补充，对体系文件进行了3次换版，对职能分配进行了2次调整，确保体系有效运行和持续改进，并于2001年初对质量管理体系文件进行了大幅度的修改，于年底顺利通过ISO 9000—2000版标准的换版认证。

自 2001 年公司质量体系换版以来，按计划开展了内审和管理评审，接受第三方审核，通过内部和外部审核，换版半年多来，公司质量管理体系在第三层次文件的补充完善、质量目标的层层分解等 10 多个方面均得到了持续不断的改进。2000—2001 年资金预算与实际执行情况如表 2-5 所示，1999—2001 年公司产值、收入、资产增长及社会贡献如表 2-6 所示。

表 2-5　2000—2001 年资金预算与实际执行情况（单位：万元）

项　目	2000 年		2001 年	
	预算	实际	预算	实际
销售收入（含税）	120180	132288	149788	180040
吸收投资		50	190000	201692
生产成本	27000	29513	41836	63632
期间费用	25000	16461	29897	41964
支付利息	1000	1000	676	−577
上交税金	40000	42000	60528	70215
基建技改工程支出	5000	3382	73420	33169
分派股利	9000	9175		10883
归还贷款	6000	4546		12900
资金结余	7180	26261	133431	149546

表 2-6　1999—2001 年公司产值、收入、资产增长及社会贡献

工业总产值（现价）	2000 年、2001 年分别较上年增长 20.63%、21.69%
销售收入	2000 年、2001 年分别较上年增长 25.05%、42.25%
净资产	1999 年、2000 年、2001 年分别为 28536 万元、44242 万元、253092 万元，呈快速发展之势
资产负债率	1999 年、2000 年、2001 年分别为 68%、65%、27%，逐年大幅下降，资产安全性高
总资产	1999 年、2000 年、2001 年分别为 91506 万元、126886 万元、346339 万元，2000 年、2001 年分别较上年增长 38.66%、172.95%
社会贡献	1999 年、2000 年、2001 年分别为 68668 万元、82430 万元、110782 万元，2000 年、2001 年分别较上年增长 20.04%、34.40%

二、影响深远的国酒品牌，名列前茅的经济指标

茅台酒自 1915 年获巴拿马万国博览会金奖以来，可谓几十年金牌不倒，蝉联历届国家名白酒评比之冠，先后 14 次获国际金奖。公司拥有得天独厚的品牌优势、技术优势、环境优势、资源优势、文化优势，造就了茅台酒完美的

风格、尊贵的品质，这些都在顾客心中深深地扎根，并成为品牌美誉度和忠诚度的重要保证。

茅台酒属于传统产品，但茅台集团历来重视科技进步，茅台拥有已成立数十年的国家级的白酒科研所、技术中心，以及中国白酒界一流的包括国家级、省级评酒委员的科研队伍。技术中心的科研设备和人才不断地得到完善和充实，从而进一步提高了茅台酒的科技含量，保证了其出厂合格率达100%。

目前茅台的生产能力、生产规模不断壮大，产品质量可靠，信誉良好，市场竞争力强，有较高的盈利能力，资产质量状况良好，资产负债结构趋于合理。

近3年的市场占有率、市场销售份额、市场覆盖面如表2-7、表2-8、表2-9所示。

表2-7　1999年全国白酒市场综合占有率、市场销售份额、市场覆盖面情况

商品名称	市场占有率%	市场销售份额%	市场覆盖面%	按市场占有率排名
五粮液	16.80	12.57	18.42	1
茅台	12.87	8.08	16.06	2
二锅头	11.92	24.98	3.21	3
剑南春	8.81	4.69	11.56	4
古井贡	4.92	3.62	5.78	5

表2-8　2000年全国白酒市场综合占有率、市场销售份额、市场覆盖面情况

商品名称	市场占有率%	市场销售份额%	市场覆盖面%	按市场占有率排名
五粮液	21.88	27.89	17.88	1
茅台	13.48	10.01	15.80	2
二锅头	9.65	20.07	2.70	3
剑南春	8.22	4.33	10.81	4
泸州老窖	4.06	2.68	4.99	5

表2-9　2001年全国白酒市场综合占有率、市场销售份额、市场覆盖面情况

商品名称	市场占有率%	市场销售份额%	市场覆盖面%	按市场占有率排名
五粮液	14.10	18.45	17.20	1
茅台	13.90	16.32	15.40	2
二锅头	10.50	23.40	3.50	3
泸州老窖	4.50	2.65	6.30	4
枝江大曲	3.21	2.01	2.69	5

资料来源:《中国酒类年鉴》。

对以上数据的几点说明：

1. 茅台酒的生产受到特定条件的制约。一是茅台酒独特的工艺，一年一个生产周期，五年的贮存，决定了其产量即便增长也不能立刻转化为销售，从而制约了销售量。二是茅台酒特定的生产环境要求，决定了茅台酒不能在全国其他地方生产，从而不能像其他白酒一样到处开花，使得产销量占总行业的比例较低。茅台酒的产销量比较少，相对于其他白酒厂家大量投放的市场量来说，两者的可比性不高，茅台酒的实际占有率、市场销售份额、市场覆盖面要比资料中的数据高。

2. 由于我们走的是质量效益型战略，相比于其他的规模扩张型白酒企业来说，我们单位产品的利税率高于同行业的任何企业。

三、享誉全球的国酒品牌，稳定提高的卓越质量

茅台酒是世界三大名白（蒸馏）酒之一，在国内外享有很高声誉。1999年获"全国最受买方推崇的行业单位""世纪中国质量——服务双佳单位"称号；2000年被中国保护消费者基金会授予最高奖——"保护消费者杯""保护消费者事业突出贡献奖"，还曾获"消费者满意产品"和"消费者最喜爱产品"称号，2001年被中国轻工业联合会与中华商标协会授予"中国最具国际影响力的驰名商标"等荣誉称号。

为巩固国酒地位，实施名牌战略，公司历来注重产品质量，视质量为生命。公司产品除在公司内部按批次进行检测外，在贵州省产品质量监督检验所和贵州省饮料酒行业产品质量监督检验站还要定期抽检。出口产品除上述两个单位检测外，还要由贵州省出入境检验检疫局抽检。历年来，产品合格率均保持100%。

近3年来，茅台酒质量持续稳定，2001年获全国白酒行业唯一的绿色食品、有机食品认证和原产地域产品。

茅台酒生产的产品等级指标、质量水平、单位经济效益均领先白酒行业国际先进水平，如表2-10所示。

表 2-10 1999—2001 年茅台酒产量及合格率

年度	制酒产量（吨）	基酒合格率	全员劳动生产率
1999	5627	99.4%	15.16 万元 / 人
2000	6030	99.2%	18.27 万元 / 人
2001	7316	99.12%	27.84 万元 / 人

四、先进的国际标准，强大的技术队伍

茅台酒是中国大曲酱香型白酒的典型代表，生产地域仅限于茅台一地（2001 年已被国家质量技术监督检验检疫总局批准为实施原产地域保护产品），工艺技术举世无双，具有不可复制性。经过多年不断的技术创新和技术改造，制定了制酒、制曲、勾兑、检验、包装等一整套的标准，生产达到了现代化规模生产的要求，产品及过程的检测也实现了现代化。2001 年由中国标准化协会依据本公司企业标准制定的国家标准 GB 18356-2001《茅台酒（贵州茅台酒）》，是国内酿酒行业中唯一单独为企业制定的国家标准，这在国内企业中独一无二、尚属首创。

公司拥有由国家经贸委、财政部、国家税务总局、海关总署共同下发证书且经国家认定的、我国白酒行业唯一的国家级企业技术中心。该技术中心引进了本行业完备的、具有国际先进水平的分析测试设备，并有一支强大的技术开发队伍，技术中心主任由中国著名酿酒专家季克良先生担任，有国家级评酒委员 4 人、专职研究开发人员 24 人，其中具有高、中级职称的共 10 人。

五、完善的计量检测体系，全程的监视测量系统

为确保茅台酒产品质量的稳定，多年来，公司在计量检测方面做了大量的工作，早在 1988 年就获得了贵州省标准计量管理局颁发的二级计量合格证书。十多年来，公司投入大量人力物力，逐步建立完善了计量检测体系，并建立了全过程的监视测量系统。

在生产过程中，一是主要由班组进行生产过程的测量工作，具体内容有制曲过程的原材料配比计量，入仓后第一次翻曲和第二次翻曲的温度测量；制酒过程的原辅料配比计量，发粮水温度、粮堆温度、拌曲温度、堆积发酵温度的测量以及上甑时间、蒸粮时间、堆积发酵时间、窖内发酵时间的计量；贮酒

过程的出入库计量、勾兑比例计量、酒精度计量，包装过程的包装质量及容量计量；车间主要负责进行监督检查，确保各种数据的准确性。二是以化验员为主的检测系统，主要是对进厂原辅料质量和生产过程中酒醅的酸度、糖分、水分、淀粉、糊化率以及曲药的酸度、糖分、水分、淀粉、糖化率进行检测。两方面的监视测量结果都要送相关单位和生产管理部进行统计分析，并将统计分析状况报公司领导，从而形成完善的计量检测系统。

为保证监视测量装置的准确性和有效性，规定了监视测量装置检效期，按期进行校检。常规监视测量装置由公司内部具资质的计量管理员进行校检；重要的装置送贵州省技术监督局校检，所有使用的监视测量装置都必须持有贵州省技术监督局或公司内部计量员签署的合格证。各车间部门建立了监视测量装置的台账，保证了监视测量装置的准确性和有效性。

公司每月或每轮次都要对物耗和能耗进行监视测量并进行统计分析，为了严格物耗和能耗的计量，每个班组都安装了测量装置，促进了班组的管理，增强了班组的节约意识。

先进和适用的监视测量装置，是实行有效控制，确保监视、测量的准确性和有效性的关键。

公司的监视和测量装置的先进性、适用性，在同行业中处于领先地位，如惠普公司5890气相色谱仪及沃特曼公司气体发生器、安捷伦公司1790F型气相色谱仪及北京中兴汇利科技公司气体发生器、安捷伦原子吸收分光光度计等，这一切都为我们的检测工作提供了有利的硬件保证。

为确保检验的准确性和有效性，质检部定期在检验人员之间、仪器之间、方法之间进行对比试验。每年定期送样到贵州省质量技术监督局和贵州省质量技术监督站进行精细对照检测。

经过长期对基酒、成品酒的微量成分、总酸、总酯等微量成分的理化检测分析，获取了大量的监测数据，经过系统分析，掌握了茅台酒微量成分变化规律。使检测结果更加准确，为质量改进和控制提供了支持。

准确的监视和测量数据对产品的持续改进起到了不可估量的作用，3年来在茅台酒质量稳定提高的基础上，生产量累计超产 8000 多吨，这是将监视和测量数据正确运用于产品业绩评价工作中并进行持续改进的结果。

为保证计量体系的有效运行，我公司多次派员参加计量体系运行培训，目前已有 3 人取得计量体系内审员资格，另有 3 人取得计量检测员资格。现行的计量体系完全能满足我公司的计量需求。

六、完善的售后服务体系，竭力追求顾客满意

在激烈的市场竞争中，我公司从营销服务网络建设和加强售后服务、产品防伪打假方面狠下功夫，以求实现顾客满意度的提高，通过顾客满意度把握商机。到 2000 年底，公司先后在全国各地设立了营销和售后服务网点近 2000 个，在全国各大中城市和经济发达县级城市均设立了茅台专柜，基本健全了营销和售后服务体系。公司始终倡导把消费者满意度作为判定和评价产品质量的标准，提出了"生产、经营围绕市场转，眼睛盯着市场，功夫下在现场"的经营新观念，使茅台酒销售量在 2001 年达到 4300 多吨，各种白酒销售量突破 12000 吨。

保持完美品质、不断提高顾客满意度，一直是公司不懈的追求。公司最高领导者以"竭力追求完美"的一贯精神，在生产经营过程中贯彻"一切服从质量"的思想。在产品开发上，公司致力于满足不同消费层次的需求。茅台王子酒、茅台迎宾酒，满足了大众消费群的需要；15 年、30 年、50 年、80 年陈年茅台酒，填补了我国极品酒市场的空白。国酒人在不断追求完美，提升顾客满意度的道路上坚实地向前迈进。

2001 由市场科通过问卷调查与分析的方法得出如表 2-11 所示数据。

表 2-11　1999—2001 国内主要白酒品牌顾客满意度与忠诚度情况

	1999 年		2000 年		2001 年	
	顾客满意度	顾客忠诚度	顾客满意度	顾客忠诚度	顾客满意度	顾客忠诚度
茅台	81%	70%	89%	79%	95%	85%
五粮液	63%	54%	88%	78%	80%	76%
泸州老窖	35%	42%	36%	45%	42%	50%
古井贡	24%	30%	31%	40%	38%	46%
郎酒	15%	25%	18%	28%	19%	14%

从表 2-7 可以看出，本公司主要产品顾客满意度、顾客忠诚度逐年提高，

公司与顾客的关系在不断地加深。该表数据同时显示我们的顾客满意度和顾客忠诚度始终处于同行业的领先水平，超过了国内其他白酒品牌。

七、严格依法经营，强化法制教育

作为国有特大型企业和白酒行业唯一的一级企业，同时也是地方的支柱企业，贵州茅台酒股份有限公司自成立以来，一直严格遵循国家法律法规进行生产和经营，维护着国酒的声誉和地位，做到了自公司成立以来无违法生产经营行为，无质量、安全事故，无重大质量投诉。

公司积极进行《产品质量法》《标准化法》《计量法》等法律法规知识的宣传和质量管理知识的普及教育，并取得良好效果。多次派出质量管理人员参加质量培训，本年度有3人进行了培训并参加了质量专业技术人员职业资格考试。

自1915年获巴拿马万国博览会金奖，80年来，茅台酒取得了辉煌的成就，获得了无数的荣誉。我们将以国家实施西部大开发战略为契机，加大科技投入，使公司的质量管理、经营效益取得更大的成绩。质量支撑国酒，国酒铸就品牌，国酒茅台将在新的年度更创辉煌！

【本文由陈孟强、车兴禹执笔，原标题为《卓越质量管理，铸就国酒品牌》，副标题为《2002年全国质量管理先进企业申报材料》。本文为二次修改稿】

第三章　用一流质量和技术打造一流品牌

搞好科技进步，促进企业发展

陈孟强

科学技术是第一生产力，科技进步能促进企业的发展，这是无可非议的真理，茅台酒厂之所以能从解放初期的小作坊式生产发展到具有一定经济实力（年产茅台酒 4000 吨，销售收入 7 亿元），具有一定科技基础（80 年产品质量稳定提高），拥有 33%（V/V）、38%（V/V）、53%（V/V）茅台酒和茅台威士忌、茅台女王酒、贵州醇等一系列产品的茅台酒集团公司，主要依靠的是科学技术的进步（政策是一个因素，更主要的是科学技术的进步）。在这个发展过程中，我们是如何搞好科技工作，促进企业发展的呢？

图 3-1　多彩多姿的茅台酒

一、重视人员的培养

"以质求存，以人为本"是长期的工作指导思想，科技工作也是一样，只有人才能创造出先进的科学，只有人才能掌握先进的科学技术。要提高产品的质量，要增强产品的市场竞争能力，首先就必须要提高人的素质。怎样才能提高人的素质呢？

1. 首先是重视基层人员的培训：从 20 世纪 90 年代开始，茅台酒厂就明确规定，凡新进厂工人，都必须经过 50 个小时的岗前培训，任何岗位和任何工种，都必须首先了解茅台酒的生产工艺，在了解茅台酒生产工艺的基础上提高其他方面的工作，不管是大学生还是初中生，都必须经过这一关，在此基础上再加上其他方面的培训，使我们的员工都有一个对茅台酒生产的认识，这样才有利于今后的工作发展。

2. 重视高科技人员的发展：在这方面，我们采取的是"外进"和"内培"发展方式。"外进"就是在外大量招收适宜于茅台酒生产和工作的大中专毕业生，以弥补企业基层力量的不足，"内培"就是选拔具有实践经验的干部到外面去学习。

3. 重视科技知识的更新：为了使科技人员的知识水平不断提高，适应时代和市场的需要，掌握科技信息是一个非常重要的因素，只有掌握更多的科技信息，才能不断提高科技人员水平，从 20 世纪 80 年代起，每年我们都要为各车间、班组和工程技术人员订购大量的专业书籍，让各车间、班组和专业技术人员了解科技信息的发展，保持较高的科技水平。

二、重视传统工艺与现代科技的结合

传统工艺是好的，是正确的，但也存在着一定的不足。一是缺少科学的理论体系。二是缺乏现代科技的分析，导致说服力不强，具体操作困难。要解决这 个问题，就必须将现代科技与传统工艺结合起来，在这方面我们做了以下几方面的工作：

图 3-2　陈孟强参加国资委进修班合影

1. 从 20 世纪 80 年代起，我们就开展了全面质量管理工作，从工艺参数、工艺管理、微生物等方面进行分析研究，仅"八五"期间，我们就进行了 40 个科目的分析研究工作，其成果 30 个获厂优、8 个获省优、2 个获国优，攻克了一个又一个的技术难题，为技术改进工作打下了基础。

2. 利用小改小革，提高企业效益。在小改小革方面遇到的较为突出的是酿酒设备的运用问题，由于酿酒行业的设备大都是 20 世纪 70 年代初引进的，许多设备都处于边使用、边设计、边进行状态，往往一种设备从使用到成熟，需要很长一个过程，需要投入大量资金。但是，单纯依靠资金投入，一是难以达到预期效果，二是工期时间较长。因此，我们就采取"五小"改革方式，促进小改小革活动的开展。从鼓风机、打糟机、甑子、行车、锅炉等酿酒设备方面不断进行改进，使现有设备在生产使用上更为科学合理，增加了企业效益。

3. 开展劳动竞赛活动，促进职工技术水平的提高。开展社会主义劳动竞赛活动，不仅仅是增加产量、提高质量，更关键的是通过社会主义劳动竞赛活动，提高了职工的操作技能和对茅台酒生产的认识。从近几年的劳动竞赛情况来看，一是竞争对手逐渐更新，二是先进班组交替出现，也就是说，经过劳动竞赛选出的上甑能手、制曲标兵，由于有了经验的总结和推广，其他的人就有了前进的方向，很容易将好的操作方法化为己有、融进自己的长处，变为更新更好的操作方法，因而，各年度的上甑能手、制曲标兵、先进班组等，很少有连续保持 3 年以上，都是不断地为更新、更好的成绩所替代。

4. 不断总结经验教训，用于再生产过程。茅台酒生产的不断发展，茅台酒质量的稳步提高，最关键的一点就是不断地统一对茅台生产的认识，不断地将前期生产过程中的经验教训总结出来，扬长避短，减少下期生产中的失误。茅台酒生产有一个间隔期，那就是年度与年度之间的隔期（所谓大窖期），这个时期是茅台酒生产的主要设备维修期，也是茅台酒生产工艺的总结期。每年在这个时期我们都要举行茅台酒生产的技术研讨工作会和经验交流工作会，从各班组的经验介绍到各车间部门的经验介绍，从各班组的技术研讨到全厂性的各工程技术人员参加的技术研讨，都必须切实举行。通过研讨，使工艺规程完善，对有争议的地方，留待下年度生产中解决，这个办法解决了茅台酒生产中的许多问题。就"八五"期间的扩改建工程来看，窖池的种类、窖底的容量、窖池的数量、凉堂的面积、不锈钢蒸馏设备的使用以及班组的定员等，都是通过长期的经验积累和数字对照所得出的结果的再现，这些不仅统一了茅台酒生产规范管理，还改变了过去千根柱头落地、窖池种类不一的影响操作、影响质量的现象，使茅台酒生产能从工艺操作的稳定提高上保证产品质量的稳定提高。从茅台酒历史的发展状况看，产品质量的稳定提高和工艺技术操作变化有很大的关系。例如：三个典型体的确立使用，促进了勾兑技术的提高；色谱分析仪的微成分检测，确定了产品的理化指标检测；工艺规程的建立，改变了师带徒的现象等。这些操作工艺的每一步都离不开分析总结工作，正是这些不断进行的分析总结，使茅台酒传统工艺在科学技术的推动下，得到了更新的发展。

5. 推行新科技也要考虑传统工艺和产品质量的需要。新的科学技术不一定适合每个企业，使用新科技也要根据企业的需要来确定。例如，不锈钢材料在别的酒厂都能大量推广使用，但是在我厂却是经过许多实验后才确定的。在酒的贮存过程中，我们就没有使用不锈钢材料，主要是因为不锈钢容器不利于酒的老熟。又如，在各酒厂都使用制曲设备代替人工制曲的情况下，我们还坚持进行人工制曲，其主要原因就是机器制曲不能满足边紧中松，从而不利于微生物生长，也就是说虽然科学技术的进步是无限制的，但是首先的一点是必须要服从质量的需要，未能满足质量需要的技术，不能轻易采取，以免影响产品的质量。

三、面向市场开发新的产品

科学的进步，市场的需要，使企业不能停留在单一的产品上，要使企业在市场上求得新的发展，就必须开发新的产品，以满足人们不断提高的物质生活需要。在 20 世纪 80 年代初，我们就考虑过低度茅台酒的生产问题，并积极进行低度酒的生产试制和实验工作，进行技术储备。90 年代初，在政策条件的允许下，我们提出了"一业为主、多业开发，一品为主、多品开发"的企业发展设想，不断拓宽企业的经营领域，由于有了强大的技术储备，因此，新产品的开发很快就能进行，到现在已有 33%（V/V）、38%（V/V）、43%（V/V）、53%（V/V）茅台酒和茅台威士忌、茅台女王酒、贵州醇、茅台醇、贵州大曲、贵州特醇等十多个品种的酒投入市场，收到了很好的经济效益。在酒的方面，我们一方面根据我们的技术实力开发集白兰地、威士忌及国内各香型酒于一身的产品，另一方面就是根据酒的药用功能和高科技的附加值功能开发产品。另外，就是要利用我们在微生物研究方面的特长和先进的技术设备，开发食品工业的其他产品。当然，要实现这些目标还需要一定的过程，但是，根据我们的技术力量来看这些是可以实现的。

四、制定适宜的科技政策

要搞好科技进步工作，不仅仅是对科学技术的重要性和认识开展宣传教育工作，更主要的是制定相适宜的科技进步政策。只有相适宜的科技进步政策，才能促进科学技术的发展，所以我公司一直坚持的是"以质求存，以人为本，继承创新"的发展道路，充分发挥人的能动性。在我公司的经济责任制方面，一方面，我们确定了质量奖励系数，通过提高技术来提高质量，质量越高

137

奖金就越多,只有不断地提高操作质量才能提高产品质量。因此,提高技术能力就是每一个班组的主要工作,只有提高了操作技术,产品质量才会提高。另一方面,我们设立了科学技术奖励基金,用于奖励卓有成效的单位和个人,促进了企业在科学技术上的发展,营造了讲科学、讲技术的氛围。

五、建立科研人员、干部、职工相结合的科研队伍

可能有人会认为,茅台酒厂集团公司 3000 多人的一个大单位,只有 20 多人的科研人员,数量是否太少了?其实不然,我公司的科研人员遍及各范围,从车间班组职工到部门的人员都是科研人员,因为我们的科研工作主要还是茅台酒生产,茅台酒生产是我们的"老祖宗",是基础,我们不能丢掉"老祖宗"进行别的工作,而茅台酒生产的每一个环节都需要我们的干部、职工和科研人员去参与。因此,我们就必须采取科研人员、干部、职工相结合的方式,才能搞好茅台酒的生产和操作。所以,我们进行的每一项工作都有科研人员、干部和职工的参加,形成了一支干部、职工和科研人员相结合的庞大的科研队伍,为茅台酒生产起到了积极的促进作用。

六、运用现代管理方法,促进企业管理

为了不断提高企业管理水平,对于外来的新的管理办法,我们基本都是及时运用,并在运用过程中逐步完善。在 20 世纪 80 年代初,我们开展了全面质量管理工作,80 年代末,我们进行了企业上等级活动,90 年代,我们又进行了争创国家质量管理奖和质量保证体系运行评审活动。所有这些活动的核心都是利用每项活动中好的、有利于加强茅台酒生产管理的方法来不断完善企业管理制度,提高企业管理水平。通过这些活动,也提高了管理者的管理能力,使质量管理办法、成本管理方法、体系认证标准深入人心,促进了企业管理水平的提高。

众心耕耘，喜迎丰收

——二十年质量管理小组工作回顾

质量是企业的生命，质量是效益的源泉。多年来，公司始终坚持推行质量管理小组（QC）活动，小组活动从无到有，由点及面，由浅入深，不断发展，不断壮大，使质量意识在每一位员工心中牢牢生根，从而激发员工自发、积极参与开展 QC 活动的热情，激励员工不断改进产品质量、工作质量、服务质量，进一步提高产品质量，降低原辅材料消耗，节约能源，解决一些技术难关、管理难点，实现了一些科研项目，取得了明显的经济效益和社会效益，为茅台酒的优质、高产、低耗创造了一个又一个的可喜成绩。

公司自 1981 年开始推行全面质量管理以来，经过学习试点、普及推广、深化提高等阶段，QC 活动硕果累累，成绩喜人，一年一个新台阶。近 20 年来，公司共注册 QC 小组 366 个，获公司级优秀 QC 小组 105 个、厅优 32 个、省（部）优 30 个、国优 8 个；先后荣获国家和省级"QC 活动优秀企业""全国推行 TQM 先进企业""2000 年质量管理先进企业""全国质量效益型先进企业"等称号；季克良、汪华、丁德杭等同志先后荣获国家、省级"QC 活动卓越领导者""全国优秀质量管理工作者""全国质量管理先进个人"称号。公司各车间、部门积极开展 QC 活动，取得了良好的成绩，获"国家级优秀 QC 小组"称号的有新品开发 QC 小组、三车间综合管理 QC 小组、五车间综合 QC 小组（2 次）、二车间 QC 小组、四车间 QC 小组、二车间四班 QC 小组、四车间五班 QC 小组等 8 个小组，获部、省、厅级优秀 QC 小组的有一车间、二车间、四车间、五车间、包装车间、制曲车间、动力车间、机电维修车间等 8 个车间共 63 个 QC 小组。同时，陈小明、王胜代表四车间五班 QC 小组、二车间 QC 小组参加"全国食品行业优秀 QC 小组成果发布擂台赛"，分别获得了一等奖、二等奖；向平、赵怀代表四车间 QC 小组、制曲二班 QC 小组

139

参加"全国轻工业优秀 QC 小组成果发布擂台赛",获得了二等奖。张德勤、王胜、马贵荣等同志代表本公司 QC 小组参加贵州省 QC 小组成果竞赛均获三等奖。

由于各 QC 小组活动是针对公司方针目标及生产现场存在的问题和薄弱环节进行的选题活动,从而也使 QC 活动成为实现公司方针目标的一种原动力。例如:1991 年获国优称号的新品开发 QC 小组,由季克良董事长、汪华副总亲自挂帅,担任小组的技术顾问和总指挥,进行开发 43%(V/V)茅台酒的研制、指导工作,使 43%(V/V)茅台酒一举研制成功,顺利投放市场,为茅台酒这一独子家族又添了一棵新苗;1994 年获省优称号的包装车间维修 QC 小组解决了"洗瓶机内刷系统问题",既提高了洗瓶的洁净率,又保证了茅台酒的外观质量;五车间综合 QC 小组以人为本抓管理开展活动,既提高了人员素质、管理水平,又保证了车间生产优质高产,创经济效益达 434 万元,曾荣获厅优、国优小组称号;五车间十三班是一个让车间领导头痛的班组,人员结构复杂,人心涣散,无责任感、上进心,1998 年通过建组开展 QC 活动后,由车间"老大难"班组变成了"双文明班组",同时还获省优 QC 小组称号、地区"青年文明号"先进集体称号;二车间四班 QC 小组,以"严格控制工艺条件,提高酱香产量"为主题开展活动,实现并超计划完成课题目标,多创效益达 16.49 万元,同时,组长王胜在参加贵州省"二十周年杯"QC 成果竞赛中获得了三等奖,捧回了奖杯,为班组、车间、公司争得了荣誉,1999 年,他又荣获"贵州省十大杰出青年"称号。还有二车间 QC 小组、四车间 QC 小组、动力车间 QC 小组等许许多多的 QC 小组都在自己的工作岗位中发挥带头作用,为茅台酒集团公司明天的辉煌添砖加瓦,贡献自己的力量。

在推进 QC 活动的过程中,公司领导非常重视,无论是建组、选题、平时活动,还是材料评审、成果发表、奖励资金等,每一步都包含了领导的关心和全力支持。多年来,丁德杭副总坚持主持 QC 成果评审和发表活动,并为 QC 活动的奖励政策铺路搭桥,提供方便;公司的总经理、谭绍利副总为改变 QC 成果的发表形象,提高国酒声誉,特批准购置电脑用于今后的成果发布,给国酒人增添新的风采。由于领导的关心、支持，广大员工参加 QC 小组的积极性日益高涨，真正做到了公司上下"人人关心质量，个个参与 QC 活动"的良好风气。随着 QC 小组活动的进一步规范化、程序化，公司还培养出一批全面质量管理骨干，他们活跃在基层车间和班组中，为推进 QC 活动的健康发展起到了桥梁和基础作用，这当中李贵胜、王昭亮、张德芹、杨旭剑、向平、王胜等同志已先后走上了领导岗位。

实践证明，开展 QC 小组活动是提高职工素质、发挥职工积极性、创造性、突破技术难关、提高竞争力、提高产品质量和企业经济效益的有效途径。QC 活动已成为员工参与管理的好方法、好形式，且在我公司蔚然成风。

大浪淘尽始见金

近几年，整个白酒市场一直处于不断调整和整合之中，竞争惨烈，为求生存与发展，各白酒企业八仙过海，各显神通。而茅台集团从计划经济体制的背景下走出来，投身到市场经济的海洋中，凭着茅台酒国色天香的优异品质，携自身无可匹敌的巨大文化潜力，闯入这变幻莫测的白酒市场，如蛟龙戏水，昂立潮头。从1997年到2000年实现了跳跃式发展，各项经济指标均保持两位数的增长趋势，2000年，全集团销售收入达16亿元，比去年同期增长24.36%，利税总额突破8.5亿元。

我们取得成功的秘诀：品牌＋质量。

一、人文茅台，抓住名牌背后的文化

1. 思想和观念的转变。从"皇帝的女儿也愁嫁"到"好酒更要多吆喝""顾客是上帝"，树立市场经济观念，坚持发展才是硬道理。作为国酒人，我们更具有强烈的危机意识、忧患意识和抢抓机遇的意识，时时克服盲目乐观、"小富即安""小胜即欢"的思想，时时居安思危、居危思变、居危思进。

2. 抓好各项基础管理工作，推进TQM。首先，把员工教育培训放在首要位置。强化"以质求存，以人为本"的公司方针，结合公司实际，培养和升华"爱我茅台，为国争光"的企业精神，从而使公司上下形成"厂兴我荣、厂衰我耻""企业靠我振兴，我靠企业生存""茅台为国争荣誉，我为国酒添光彩"的命运共同体。以多形式、多层次、多渠道的方式对员工进行TQM知识、ISO 9000系列标准、产品质量法、市场经济知识、工艺知识、科学技术知识等教育培训，普及教育率达95%，仅2000年就举办各种培训14期，培训人数1365人次；同时，在8小时之外提供图书馆、阅览室，供员工利用工作之余学习文化和钻研业务知识，提高员工质量意识、管理意识、法制意识、竞争意识、风险意识。其次，注重人才储备，花重金培养人才、吸引人才、留住人才。仅 2000 年，就从各人才交流市场招聘大、中专生 70 余名，为企业的发展储备新鲜血液。再次，根据公司改制情况，结合企业实际，重新修订企业三大标准和各项规章制度，在贯彻 ISO 9000 标准过程中，建立了一套较为完整的质量管理标准，对企业实行动态管理，形成一个全员、全过程、全企业参与的质量管理网络，变"要我管理"为"我要管理"、变"管大家"为"大家管"，使每项管理背后都有一位专家。从原辅材料采购进厂到投入生产、产品出厂、售后服务等全过程的每一道工序、每一个环节都有监控手段，在公司形成"质量工作时时有人抓、事事有人问、处处有人管"的良好风气，为企业走"质量效益发展型"道路奠定了坚实的基础。最后，多年来，围绕公司"优质、高产、低耗"的宗旨，结合生产工艺特点，公司员工积极组织开展 QC 小组活动，以提高产品质量、技能水平、现场管理、后勤服务为目的，充分发挥员工积极性和创造性，共获国优成果 8 个、省（部）优成果 32 个，为企业增产节能创造了不可估量的经济效益和社会效益，企业也因此获得"全国推行 TQM 先进企业""全国质量效益型先进企业""全国 QC 活动先进企业"等荣誉称号。

3. 借名牌做文章。茅台酒是"国酒""外交酒""友谊酒"，近几年，我们借助"茅台"这个名称，开展了从创造吉尼斯纪录的实物广告"茅台酒瓶"到"国酒文化城"，从"开国第一酒"到"国酒敬国魂"、捐款修缮天安门金水桥护栏、为奥运健儿壮行、特别升"国旗"仪式等一系列活动。以"茅台"品牌优势、环境优势、技术优势、管理优势、质量优势、文化优势为依托，在市场经济条件下，彻底抛弃旧的陈腐观念，坚持"做好酒的文章，跳出酒的天地"，使茅台品牌得到升华，同时也向世人诠释什么是茅台的品牌文化。

二、科技茅台，走质量效益型发展道路

茅台酒拥有得天独厚的绿色酿造环境以及与众不同的绿色传统酿造工艺，是目前中国白酒行业通过绿色食品认证为数不多的几个产品之一，从原辅材料开始，到生产场地、工具、设备、环境、卫生的每一个环节都确保无公害、无污染、无毒，"国酒茅台喝出健康来"的科研鉴定已证明了茅台酒的保健作用这一点。

"质量是企业的生命"，茅台酒集团公司率先推行现代化企业制度，并在复杂多变的市场经济条件下，对机构设置和业务流程不断进行调整或重组，通过推行 TQM 健全各种生产技术标准和工艺参数，形成了科学合理的质量保证体系，通过质量信息网络，形成厂内、厂外质量信息的闭环管理，对采购、生产、包装、销售的每一个环节都进行严格的质量监控，做到"操作在我手中，质量在我心中"，一切工作都服从产品质量，确保出厂酒 100% 合格，同时，在生产过程、检测手段、勾兑控制、包装、防伪上不断采用新材料、新设备、新技术、新工艺，为茅台酒全面走向国际市场提供了有利的条件和可靠的质量保证。

依照"一品为主，多品开发；一业为主，多种经营；一厂多制，全面发展"的战略方针，茅台集团实现了品牌扩张，成功地兼并了习酒公司，控股遵义啤酒公司，还参股昌黎茅台葡萄酿酒公司和南方证券公司等多个产业，初步形成了金字塔式的产品结构群，不仅有 53%（V/V）、43%（V/V）和 38%（V/V）茅台酒和年份茅台酒，还有高档的汉帝茅台酒和 15 年、30 年、50 年、80 年陈年茅台系列酒。茅台还开发了中档酱香型的茅台王子酒、茅台迎宾酒和浓香型的茅台醇、茅台液以及茅台不老酒、茅台威士忌、茅台啤酒、茅台干红葡萄酒等一系列物美价廉的产品，不仅适应消费者多样化的需要，满足各个细分目标市场的要求，还是酒文化的现实化、具体化、群众化、个性化、生动化的体现，也使"老百姓的茅台"成为现实。

在谋求发展道路上，公司一改过去的"保守"和"矜持"，转换经营思想，理顺经营机制，调整营销体系，紧紧抓住以信息化带动工业化的思路，开通公司计算机局域网，实现办公自动化、网络化，推出了"网上名酒城"，在全国各地建立近 200 家国酒专卖店（柜），建立多家中转库，创建有效的配送系统，并着手组建全国电子商务营销网络和国际营销网络，同时，为切实保护消费者的利益，维护国酒尊严，公司不惜重金从国外引进现代化高科技防伪技术，如 3M、暗纹防伪等，并与国家有关部门联合出击，利用法律武器，重拳打假，给制假贩假者以致命的打击，净化国酒市场，打击不法之徒的嚣张气焰。公司获"保护消费者突出贡献奖"。

时势催人急，我们深知前面的道路不会平坦，但我们已做好战胜各种困难和风险的充分准备，我们坚信，只要"茅台人"同心同德，脚踏实地，艰苦奋斗，继往开来，就一定能创造出无愧于茅台前辈人的光辉业绩，在新的千年里再铸新的辉煌！

2001 年 6 月 4 日

第一部分　茅台的前进之路

卓越的质量，来自完善的质量体系

——茅台集团公司贯标认证纪实

中国贵州茅台酒厂有限责任公司

中国贵州茅台酒厂（集团）有限责任公司，地处红军长征所过的赤水河畔茅台镇，历史悠久，源远流长，是国家特大型企业，"全国企业管理最高奖——金马奖"的获得者，国内首批质量效益型先进企业。公司现有职工3437人，年产茅台酒4500吨，创利税4亿余元，出口创汇1000多万美元，是我国白酒行业出口量最多、创汇最高的企业。生产的主导产品贵州茅台酒是世界著名的三大名酒之一，长期以来，茅台酒以上乘的质量，独特的风格，高品位的品牌，富有深远内涵的酒文化享誉世界，被公认为中华人民共和国国酒。

在激烈的市场竞争中，在改革开放浪潮无情的大浪淘沙长河里，有多少名白酒曾历尽沧桑，而最终被淘汰或步履艰难，唯独贵州茅台酒以她坚强的质量身躯，经久不衰的风采，独占鳌头的丰姿，经受住了市场的严峻挑战和洗礼，仍饮誉全球，成为中国酒文化的骄傲，优质品牌的象征。在接过老祖宗留下的"1915年获巴拿马万国博览会金奖"后，不负重任又连续14次获国际金奖，1994年再创辉煌，获纪念巴拿马万国博览会80周年国际名酒评比特别金奖第一名；在国内，茅台获中华人民共和国国家质量奖，蝉联国家历届名酒评比之冠。诸多殊荣，历历桂冠，茅台酒以超前的质量价值观，不懈追求卓越的精神，发挥着品牌效应作用，成为广大消费者心目中"质量优秀"的代名词。

贯标认证，建立和实施一个自我完善的质量体系，是我公司在新时期发展中注入的新活力，也是确保茅台名牌形象，再展国酒风采所赋予的历史责

图 3-4 茅台酒获 2002 年世界之星包装奖

任。为实现企业"外树形象，内练硬功"，进一步增强产品的质量保证能力，公司早在 1991 年便组织学习和宣贯 GB/T 10300 标准，1992 年至 1993 年正式推行和实施 GB/T 19000–ISO 9000 标准，1994 年通过认证机构长城质保中心的认证，证书 3 年有效期满后于 1997 年重新申请，并在 1998 年 1 月通过了续认，保持了认证证书的连续有效性。

公司于 1992 年推行 ISO 9000 标准以来，以求实进取的贯标精神走过了 8 年的历程。在这 8 年的贯标认证过程中，我们经历了"对 ISO 9000 标准的学习培训和宣贯；文件化质量体系的建立和健全；体系文件实施前的全员培训和岗位职责的明确；抓体系有效运行和内部审核；接受认证机构的评审和每年一次的监督检查；对体系文件进行动态管理的不断改进和完善提高"等 6 个方面的过程。

在宣贯培训过程中，我们始终坚持"始于教育，终于教育"的原则，把培训工作贯穿于贯标认证的全过程，形成了公司领导"带头学"，中层干部、贯标骨干、内审员"全面学"，班长以上管理人员"普及学"，普通职工针对岗位职责"专题学"的贯标学习风气。通过培训学习，使广大职工了解 ISO 9000 标准基本要素及要求，理解体系文件的操作内容及应达到的目的，提高了广大职工接受管理和参与管理的自觉性，增强了贯标意识、问题意识和改进意识，为贯标认证和实施有效的质量体系打下了坚实的基础。

在建立健全文件化质量体系过程中，我们按照 ISO 9000 标准要求，首先明确提出了公司的质量方针和质量目标，进行了体系机构的职能调整和职责明确。并以 ISO 9004 标准为基础，结合企业多年来推行 TQM 的实际，对公司的质量体系进行了深入细致的对照、分析和修改补充，规范了公司的各项管理工作，确立了形成茅台酒产品的 9 个环节构成的质量环，选择了 20 个体系要素展开为 79 项 355 条质量活动内容。运用矩阵图进行了质量职能的展开分配，编写了切合公司实际的 23 个程序文件和质量手册，并于 1993 年 3 月正式发布实施。随后，我们又制（修）订了相关质量管理标准共 54 个文件作为体系运行的支持性操作文件，完善了各种质量记录表格，形成了一个书面的文件化的质量体系，并选择以 ISO 9002 标准来编制公司既能符合第三方认证要求又能满足顾客需要的质量保证手册，也顺利开展了认证工作。特别是认证以后的 5 年中，我们加强了质量体系运行的有效性管理，狠抓了体系内审工作，并结合体系文件执行过程中的实际情况，注重体系文件的动态管理，适时进行文件符合性、实用性和可操作性的修改完善，使之更全面更符合 ISO 9000 标准要求，同时又切合企业实际。公司以完善的质量体系及有效的质量体系运行状态，接受和通过了认证机构长城质量保证中心的两次认证评审和每年一次的监督检查。

完善的质量体系，关键是建立在企业 TQM 的全面实施和体系运行的有效性上，使各项质量活动在体系运行中真正做到"该说的一定要说到，说到的一定要做到，做到的一定要有证据"。在实施质量体系过程中，我们把公司多年来推行 TQM 工作的一些有效的管理方法和措施手段与 ISO 9000 标准要求有机结合，对制曲、制酒生产，基酒贮存勾兑，包装生产等过程的"一条龙"管理体系、工艺监控手段、质量否决制度等进行充实完善，实行动态管理，使公司质量体系文件化、质量管理规范化、操作程序科学化，较好地解决了贯标与 TQM 的关系，实现了质量管理和质量保证的深化和延伸，增强了质量体系运行的符合性和有效性。

在抓体系运行工作中，我们注重的是质量体系运行的监督控制，坚持抓好"三大审核"（产品质量审核、工序质量审核、质量体系内审和管理评审）的严肃性及连贯性，把每月一次的产品质量审核，每季度或每轮次酒一次的工序质量审核，半年一次的体系内审和一年一次或适时的管理评审进行制度化、程序化，审核的重点是站在消费者审视产品质量的角度，用质量缺陷严重性分级来审核产品的实物质量，用 ISO 9000 标准要求来审核体系运行的质量，对产品形成全过程进行全面有效的监控和管理，重视审核结果的纠正、改进和对其有效性进行跟踪验证。定期召开质量例会，以预防控制为主的管理思想，围绕生产和销售服务的质量情况，充分发挥质量例会"提出问题，分析问题，解决问题，防止问题再发生"的功能作用，既协调解决了各部门工作接口上的关系，又解决了生产、销售服务过程中急需解决的问题。同时，我们还重视抓体系运行的两头延伸，一方面，对提供我公司原辅材料、包装材料的分承包方的供货质量进行严密监控，对其 QA 能力进行现场调查评定，定期进行供货质量的分析，有力地促进了分承包方 QA 能力的改善提高，确保了供货质量的稳定；另一方面，在公司总经理明确提出"生产围绕销售转，销售围绕市场转"以市场为中心的经营管理思想指导下，注重产品在销售过程中的服务，紧密联系全国各地经销商及销售信息网点，广泛征求、收集信息和顾客意见进行认真分析处理，及时调整产品结构，为客户消费者及时提供售前、售中、售后服务，为其排忧解难，让消费者、客户怀着希望而来，载着满意而归，实现了企业与市场的接轨。另外我们还特别加强了对各种审核检查结果以及专题质量会议提出的问题进行监督整改和跟踪验证工作，对出现的不符合项目进行举一反三的分析研究和改进控制，防止重复性问题的出现。尤其是在认证机构对我公司认证以来的 6 次监督检查评审中，从审核的广度到审核的深度都从严要求，讲究实效，深入细致，实事求是，既肯定了我们在贯标工作中取得的成绩，又指出了存在的问题，并特别注重审核结果纠正后持之以恒地跟踪督促。认证机构的监督检查，无疑对我公司质量体系的不断改进提高起到了积极的督促、帮助和指导作用，也使我公司在抓体系运行工作中变压力为动力，不断规范体系运行工作，提高了体系运行的自觉性和有效性。

ISO 9000标准的实施，使公司的质量管理工作得到了更进一步的规范，也真正地落到实处，不仅理顺了企业内部的各项管理工作，促进了企业全方位的监控管理，在全厂上下建立了一套较为完善的管理系统，而且运作起来程序清楚，操作方便，切实可行，有实效。职工的质量意识也得到更进一步的增强，变"要我管理"为"我要管理"，各项工作真正做到了言其行、行其言，基本实现了严格按章程办事、按程序操作的规范管理。生产过程控制得到进一步加强，在过程控制中，特别强调了预防控制的有效性，严格工艺规程，在继承传统工艺管理上注重工艺技术管理的创新，日常管理与重点管理相结合，明确了A、B级重点工序控制点，抓住工序环节的关键要素进行重点控制管理，并采取强化控制管理手段确保工序质量的稳定和受控。同时在产品形成全过程中坚持"三检、二评、一控制"的检验制度和"四服从、三不放过、五不准"的质量原则，充分发挥"质量否决"作用，确保了质量水平在受控状态下的稳定提高。现场管理得到进一步规范，从根本上彻底改变了过去酿酒企业脏、乱、差的现象，花园式的工厂环境、井然有序的生产场地为茅台酒生产的"优质、高效、均衡、安全"提供了可靠的基础条件保证。

通过ISO 9000标准的实施，不仅夯实了产品生产过程的质量管理，使生产质量得到了有效的控制，并使公司的质量管理向两头延伸，原辅材料质量得到了根本保证，务实的销售服务得到客户的满意和好评。贯标带动了企业基础管理的规范，促进了管理水平的提高，树立了企业良好的品牌管理形象。

通过多年来ISO 9000标准的实施和认证工作的开展，我们也深有感触，公司领导虽然对贯标认证工作给予了高度的重视和关注，投入了大量的人、财、物资源，为贯标认证工作的顺利进行和不断深入发展提供了有力的保证条件，但贯标工作中的一些难点问题也带来工作上的难度，比如：需公司高层领导亲自参加的一些体系运行的重要会议，特别是管理评审会，常因领导公务忙或外事出差而不能全员参加，给部门间工作带来了不平衡，一些工作的开展出现了滞后和解决不及时的现象；在内审中发现的一些问题提出后，责任部门虽及时地进行了整改纠正，但类似的问题在下次的内审中又发现在其他部门或其他领域出现，造成问题的重复性；加强新标准的学习理解，使之与2000新版标准的要求相符合。当前企业将迈入21世纪，如何实施好有效的质量体系是亟待解决的问题。

通过贯标认证，实施有效的质量体系，我们深深体会到，贯标认证能不断改进和强化企业的内部管理，不断提高质量水平，最终达到企业受益、消费者受益、社会受益的局面。同时，贯标认证工作的开展，通过第三方认证机构的不断监督检查，促使企业为更进一步地规范自身管理，增强产品市场竞争力，提高经济效益而进行自我约束、自我加压、自我改善、自我提高的自觉行为。贯标认证不仅是降耗增效、提高产品质量的需要，也是产品拓宽市场的需要、建立持久有效质量体系和增强保证能力的需要，更是企业强化质量工作、深化TQM、提高经济运行质量的重要举措和树立企业形象的需要。我们认为，实现认证、获取证书是贯标的特定阶段，而不是贯标工作的结束。要保持质量体系的持久有效，我们将继续以ISO 9004标准为指导，不停地把贯标工作推向前进，不断地进行质量改进，扎实地实施ISO 9000标准，认真对待和改进认证机构监督检查和内审提出的每一个问题，并脚踏实地、勇于实践、努力探索ISO 9000标准在企业各质量领域的实施与推行TQM相结合，使之在深化TQM中克服和完善ISO 9000标准的局限性和不足，使我们的质量体系在推行TQM全方位的管理实施中更加全面有效并长期处于受控状态，这才是我们贯标认证的最终目的。

我们有信心随着公司机制改革的深入，一如既往地抓好体系运行的有效性，以此推动质量管理工作的更进一步规范和深化，并认真贯彻国务院颁布的《质量振兴纲要》，充分发挥国酒茅台名牌优势，以质量为核心，以质量管理为企业管理的纲要，加快改制后资本的运营和扩张，实现规模经济和发展规模效益，认真抓管理、练内功、增效益，为企业"保名牌、树形象"继续走"质量效益型"发展道路作贡献，为质量新世纪的到来而继续努力！

（中国贵州茅台酒厂集团公司贯标认证 2002 年）

发展涛声催人急，国酒腾飞正逢时

举世瞩目的中国共产党第十六次全国代表大会召开之际，恰逢我公司建厂51周年华诞。

江泽民同志在党的十六大做的题为《全面建设小康社会，开创中国特色社会主义事业新局面》的报告，总结了党的十三届四中全会以来的13年和党的十五大以来的工作，展示了13年以来我国社会主义建设所取得的巨大成就，昭示了党在21世纪领导中国人民建设祖国美好未来的坚强决心，明确了我们国家在21世纪的奋斗目标，描绘了小康社会的宏伟蓝图，体现了中国共产党与时俱进的时代特征，是我们建设有中国特色社会主义的行动指南，是我们全面建设小康社会的动员令，是我们加快社会主义现代化建设的宣言书。报告内涵深刻、思想丰富、论点精辟，报告鼓舞斗志，激励人心，催人奋进。江泽民同志的报告以及中国13年来的巨大变化使我们对党中央的执政水平、执政能力、驾驭全局的能力充满信心，对前程似锦的未来充满希望，豪情满怀。

回首自党的十三届四中全会以来特别是党的十五大以来国酒事业取得的巨大成就，我们国酒人不禁感叹，沐浴着党的阳光走过的这无比光荣、扬眉吐气、高歌猛进、鼎新革故的13年和5年，在党中央的带领下，披荆斩棘、团结拼搏、与时俱进、开拓进取所走过的这些坚实脚印，我们为这一路所取得的辉煌成就而感到自豪与骄傲。

这些年，国酒的发展，与醇香馥郁、灿烂悠长的国酒文化相比，也许只是芬芳回味的一瞬；与香溢四海、奔流不息的美酒河相比，也许只是浪花飘舞的一滴；与聚山川灵气、吸日月精华、开酱香先河、树白酒典范的国酒茅台相比，也许只是天香迷人的"一醉"！

岁月如歌。就是这辉煌灿烂的13年和5年，在茅台这片醇香热土上，国酒人的睿智奏响了挑战市场经济的嘹亮号角，一艘高擎"立足主业，一品为主，多品开发，做好酒的文章；一业为主，多种经营，走出酒的天地"大旗的"航空母舰"正乘风破浪驶向21世纪的浩瀚海洋。在"爱我茅台，为国争光"的企业精神感召下，在"以质求存，以人为本，继承创新，捍卫国酒地位，博取行业第一"的发展理念凝聚下，国酒人留下了一串串艰辛而又闪光的足迹，国酒人坚实的双脚走出了一条纯美幽香的酿酒路，国酒人勤劳的双手谱写着一部蕴含天香芬芳的英雄史诗。同时，国酒人也用辛勤的汗水和智慧为自己酿造了一份美好甜蜜的小康生活。

一代代扎根山区的国酒人，把一个手工作坊式的工厂，从早期的人背马驮、只有简陋的工具、陈旧的厂房的局面，艰苦创业，一步一个脚印，发展到今天拥有先进的生产设施、错落有致的生产车间、鲜花四季盛开的工厂园区、生机勃勃的企业集团，使企业市场竞争能力、科技开发能力、抵御风险能力不断增强。

一代代团结一致、齐心协力的国酒人，不断深化改革，加强管理，加快发展，贯彻落实 ISO 9000 质量管理体系和 ISO 14000 环境体系标准，在大山深处描绘着壮丽的蓝图，使昔日的手工作坊管理整体优化，发展成为国家一级企业、特大型企业、全国金马奖企业、金球奖企业，使国酒茅台又戴上了"原产地域保护产品""绿色食品""有机食品"的桂冠，使其显得更加自然芬芳。

一代代不断探索的国酒人，总结完善了茅台酒的生产工艺，并从计划经济的桎梏中解放出来，抛弃了陈腐观念，迎接了一次又一次观念的冲击，经历了一次又一次危机的磨炼，接受了一次又一次市场的洗礼，凤凰涅槃，浴火重生。我们率先提出引领中国白酒事业前进方向的"文化酒"概念，制定了"绿色茅台，人文茅台，科技茅台"的发展蓝图。"绿色茅台"反映了广大消费者的利益；"人文茅台"反映了博大精深、源远流长、幽远厚重的酒类文明和先进文化；"科技茅台"反映了我们要与时俱进，把现代高新技术、现代实用技术、现代生物工程技术与传统工艺相结合，体现先进的生产力，使民族产品永葆青春活力，更具强大的国际竞争力。"三个茅台"是我公司实践"三个代表"

153

重要思想的生动实例；"三个茅台"是对国酒事业崭新的、先进的、更符合时代潮流的准确定位，也是对茅台酒、政治酒、外交酒、文化酒的品位和内涵的再度升华。我们改造了世界最大的酒文化城，坚持每周一次的升国旗、唱厂歌活动，在五一、七一、十一等大日子举行了寓教于乐的各种精神文明和文化活动，极大地凝聚了人心，增强了企业的向心力、感召力。

一代代国酒人在党的路线、方针、政策的指引下，在各方面的支持下，特别是党的十三届四中全会以来，全体国酒人团结拼搏，开拓进取，公司上下发生了深刻的变化，变化看得见、摸得着、感受得到。这个时期，是公司经济实力大幅度跃升、职工得到实惠最多的时期；是企业形象不断提升、影响不断扩大、企业凝聚力极大增强的时期；是我们思想大解放、观念大更新、体制大改革、品牌大扩张、结构大调整、效益大增长、企业文化大提升、企业精神大弘扬、企业面貌大变化的时期；是我们各项改革逐步深化、各项管理更加细化、阔步挺进现代化的时期。

主要体现在：

1. 快速增长的各项经济、技术指标。

——茅台酒的产量不断增长。自 1989 年以来，茅台酒产量从 1728 吨发展到今年的 8000 多吨，增长了 323.4%；企业总资产从 2.45 亿元发展到 51.34 亿元，增长了 20 倍。1989 年茅台酒产量仅 1728 吨，1991 年茅台酒"七五"800吨工程全部建成投产，茅台酒年产量突破 2000 吨大关。1992 年，邓小平同志南方谈话发表，在邓小平理论伟大旗帜的指引下，我们坚持"发展才是硬道理"，不断解放思想，深化改革，锐意进取，不断扩大生产规模，企业发展驶入高速增长的快车道。"八五"2000 吨及"九五"2000 吨工程的建成投产，使茅台酒年产量大幅度增长。1995 年茅台酒产量突破 4000 吨；1997 年茅台酒产量达 4468 吨；而 2001 年茅台酒产量达到 7300 多吨；2002 年茅台酒产量突破8000 吨大关，正向年产 10000 吨的目标迈进。

——茅台酒质量稳步提高。茅台酒生产工艺更加科学，生产控制日益规范，质量管理体系逐步完善，各种检测手段更趋先进。传统工艺所形成的独特风格，在继承创新的基础上，愈加完美，出厂合格率历年都保持在100%。

——企业经济效益迅猛增长。1989年销售收入为1.04亿元，1997年为5.95亿元，2001年达到16.2亿元，比1989年增长了14.5倍；1989年利税合计为0.66亿元，1997年利税为1.69亿元，2001年利税突破10亿元，比1989年增长了15倍。

企业销售收入、利税从1997年的行业第七一跃成为行业第二，现在每年上缴的税金是国家对茅台酒厂原始投资的3倍。

——科技创新能力不断提高。加大了对科研人员的培养力度，充实了科研队伍，建立了全国白酒行业唯一的国家级技术中心，进行了大量的新产品开发和生产应用技术方面的研究和实践，技术改革和设备更新常年不断，极大地改善了劳动条件，减轻了劳动强度，提高了劳动效率，同时也为增加企业效益、提高生产质量，为企业的快速发展创造了有利的条件。

——企业体制改革不断深化。1997年1月，我们将茅台酒厂改制为国有独资公司，更名为中国贵州茅台酒厂（集团）有限责任公司。1998年成功兼并贵州习酒总公司，1999年控股遵义啤酒公司。1999年11月20日，企业发起成立了股份制企业——贵州茅台酒股份有限公司。2001年7月31日，股份公司成功发行股票，募集资金20亿元，为21世纪再创国酒辉煌打下了坚实的基础。在股票发行中，还存量发行国有股650万股，变现为2亿元，全部上缴国库，相当于国家50年来对茅台酒厂的全部投资。2002年2月又发起成立并控股了昌黎葡萄酒公司，向市场推出了茅台干红。这13年来，企业从计划走向市场，经营机制发生了深刻变化。

2. 鼓起来的钱袋。1989年人均收入只有3200元，1997年人均收入上升至1.53万元，2001年人均收入达到2.1万元。

3. 低下去的恩格尔系数（用于食品的消费支出占总收入的比例）。1989年是0.65以上，1997年是0.5，2002年下降到0.3以下。

4. 大起来的住房和多起来的私宅。职工人均住房面积，1989年15平方米，1997年25平方米，2001年增至35平方米。私宅1989年745栋，1997

155

年1236栋，2002年1829栋，增长46%。

5. 多起来的摩托车、轿车。职工的车辆保有量，1989年摩托车只有49辆，1997年599辆，2002年1757辆；轿车1989年没有，1997年3辆，2002年62辆，2002年是1997年的21倍。

6. 热起来的旅游。近几年职工出国游、景点游逐渐增多，每年出游的员工比例达50%以上，休闲时间增多，员工生活质量明显提高。

7. 多起来的员工福利。董事会把关心职工的生活疾苦当作一件大事来抓，通过不断为职工发放各种生活物资，包括服装、大米、水果、面粉、食用油等，使职工的生活水平不断得到改善和提高。

8. 精起来的饮食。大家不会再羡慕原来的大鱼大肉，饮食追求个性化、特色化，保证营养的协调，有利于身体的健康。

9. 快起来的通信。手机1989年没有，1997年150台，2002年3635台，2002年是1997年的24倍；座机每户都有，共计2200多台；"长"起来的家庭影院，1989年没有，1997年665套，2002年2452套。

10. "小"起来的中干。现在提拔的中级管理人员年龄逐年减小，文化程度逐渐提高。

11. 强起来的"网"。电脑1989年没有，1997年3台，2002年360台，2002年是1997年的120倍；公司内部局域网和电子商务系统逐步完善；销售网络从无到有。我们遵循"把最好的经销商笼络到我们的营销网络中来"的原则，不断调整和优化我们的营销网络，如今我公司已拥有合同经销商398家，专卖店（柜）248家。

12. 多起来的员工健身活动。员工积极开展全民健身活动，登山、游泳、广场健身舞等多种形式的体育活动层出不穷。

13. 高起来的员工素质。通过请进来、送出去等培训形式，干部队伍素质和员工素质都有很大提高，1997年以来我们共举行各种培训班114期，培训人次达8805人次。

14. 透明起来的厂务内容。现在厂务公开意识普遍增强，厂务公开范围越来越广，厂务公开内容越来越多，做到了"给员工一个明白，还自己一个清白"。

15. 高品位的企业定位及高起点的企业文化建设。"三个茅台"的理念为企业勾画了发展的蓝图，"爱我茅台，为国争光"的企业精神不断激励和鞭策着我们艰苦奋斗、励精图治。

16. 绿起来、彩起来、亮起来、美起来的厂区。13年来，我公司总建筑面积从 195718 平方米增加到 994640 平方米。通过不断的规划、改造和发展，厂区面貌焕然一新，过去一个破破烂烂的工厂现已变成一座气势恢宏的酒城。在神奇而优美的赤水河畔，一幢幢高楼拔地而起，其中，造型新颖的办公大楼仿佛擎天之柱耸入云霄，古色古香的国酒文化城更是精彩的一笔，令观者流连忘返。厂区环境年年进行绿化、美化，四季鲜花似锦、绿树常青。绿化的覆盖率从 1989 年的 12% 提高到现在的 37%，用于污染治理和环境保护投入资金共计1.46 亿元。通过进一步的改造，尤其是万吨新区的建设，茅台将成为名副其实的花园式企业。

党的十六大，是我们党在 21 世纪召开的第一次全国代表大会，也是在我国进入全面建设小康社会、加快推进社会主义现代化的新的发展阶段召开的一次十分重要的代表大会。虽然我们离首都北京远隔千山万水，但是我们国酒人与全国人民一样用自己最实际的行动喜迎党的十六大。

贯彻党的十六大精神，就是要居安思危，增强危机意识、机遇意识、发展意识。坚持把发展作为执政兴国的第一要务。没有发展，没有经济实力，一切都无从谈起。只有紧紧抓住发展这个第一要务，牢记"发展要有新思路，改革要有新突破，开放要有新局面，各项工作要有新举措"，才能全面建设小康社会，才能推动现代化建设，才能实现经济更加发展、民主更加健康、科学更加进步、文化更加繁荣、社会更加和谐、人民生活更加殷实。

贯彻党的十六大精神就是要认真学好报告，领会精神实质。当前的主要工作就是要高标准、高质量地搞好造沙工作，全面完成今年董事会提出的各项目标和任务。如要进一步搞好公司的制度创新、管理创新、科技创新；要进一步加强培训，搞好公司的人力资源开发，不断地全面提高员工素质，增强核心竞争力；要进一步深化公司的各项改革，继续扎扎实实地推进干部人事制度改革，用好的作风选人，选作风好的人；要进一步加强党风廉政建设，继续抓好"争优创先"活动，增强基层党组织活力；要进一步使制度文明、行政文明、执政文明，实现政治文明。

在学好报告，深刻领会精神实质的同时，要结合本单位实际，畅谈大好形势，拿出本单位今后的发展思路、管理举措，求实、务实、落实，实现明年各项工作的开门红。

回顾我们国酒事业辉煌的发展历史，我们深感自豪，备受鼓舞；展望我们国酒事业的发展目标，我们斗志高昂，信心百倍。让我们国酒人高举邓小平理论伟大旗帜，全面贯彻"三个代表"重要思想，认真总结党的十五大以来公司的各项工作，总结改革开放以来特别是党的十三届四中全会以来的工作经验，深入学习贯彻党的十六大精神，解放思想，实事求是，与时俱进，开拓创新，以铿锵的节奏吹响"二次创业"的号角，以坚实的脚步构筑"再次腾飞"的平台，以饱满的热情投入到全面建设小康社会和推进社会主义现代化建设热潮中，以一流的业绩谱写出国酒茅台辉煌的新篇章。

（本文发表于《经理日报》2002 年 12 月 10 日）

第二部分

酱香酒的酿造和科研

第四章　茅台酒、珍酒的酱香特质

酱香白酒酒醅中产香酵母分离与鉴定

王晓丹[1,4]，庞　博[1,2]，陈孟强[2]，陆安谋[2]，梁　芳[2]，张小龙[1,3]，邱树毅[1,4*]

【1.贵州大学发酵工程与生物制药省重点实验室，贵阳 550025；2.贵州珍酒酿酒有限责任公司，遵义 563003；3.贵州大学生命科学学院，贵阳 550025；4.贵州大学酿酒与食品工程学院，贵阳 550025；★通讯作者。基金项目：黔科合重大专项号、国家科技支撑计划项目课题（2011BCA06B12）。作者简介：王晓丹（1980 —　），女，工程师，博士研究生，研究方向为应用生物技术。E-mail：wangxiaodan0516@126.com。通讯作者：邱树毅，教授，主要研究方向为发酵食品。E-mail：syqiu@gzu.edu.cn.】

摘　要：目的：在微生物众多的酒醅中得到产酯产香的功能菌。方法：从贵州某酒厂的酒醅中筛选得到株菌落形态不同的酵母菌用于模拟酒厂发酵蒸酒，通过感官评定及气相色谱质谱联用仪（gas chromatography-mass spectrometry，GC-MS）评测，筛选出两株产酯香味较浓的酵母，对它们的个体形态特征、生理生化实验及分子生物学进行分析鉴定。结果：确定一株为高产乙酸乙酯的平常假丝酵母（Candida inconspicua），另一株为高产乙酸苯乙酯的毕赤氏酵母（Pichia kudriavzevii）。结论：分离筛选的酵母既可产酒又可生香，可将其应用于酒类或者香料生产实验。

160

关键词：产香；酵母；分离；鉴定

1 引言

产香酵母又称为产酯酵母，主要属于产酯酵母和假丝酵母，它是中国白酒中酯香的主要产生菌[1]。产香酵母能够以乙醇为碳源，既具备乙醇发酵能力又具备醋酸发酵能力，能够产生以酯香为主的多种香味物质。其可以以糖、醛、有机酸、盐类为养料，在酯酶作用下合成酯类[2]。产香酵母适用于各种白酒的生产，其主要作用是产酯增香，除杂味，使酒体协调，改善白酒质量[3]。

酱香型白酒其独特的酿造工艺形成了大曲和酒醅中特殊的微生物区系[4]，但高温大曲不适宜酵母生长，因此，从酱香型酒醅中分离出产香酵母再应用到生产中，对酿造出酱香更浓的美酒、提高酒的品质非常有意义。

2 材料与方法

2.1 酒醅与培养基

酒醅：由贵州某企业提供。

培养基：分离培养基为孟加拉红琼脂培养基[5]。富集培养基为麦芽汁液体培养基，麦芽汁琼脂培养基[6]，PDF琼脂培养基[7]。筛选培养基为高粱小麦培养基，高粱与小麦质量比为1:1，小麦全部粉碎，高粱整粒与碎粒质量比为3:1，搅拌均匀，90℃润粮5h，高温蒸汽灭菌20min，装瓶。

鉴定培养基：60g玉米粉中先加入少量水调成糊状，再逐渐加水至1000ml，搅匀后以80℃~90℃水浴1.5h后过滤（中间搅拌3~4次），滤液补加水至1000ml，加琼脂15g，加热融化后趁热用脱脂棉过滤，分装到试管和三角瓶内，0.07MPa灭菌30min；麦氏培养基：0.1%葡萄糖，0.18%氯化钾，0.25%酵母膏，0.82%醋酸钠，2%琼脂（麦氏培养液不需），以蒸馏水配制，113℃灭菌30min；豆芽汁培养基：10%豆芽汁、0.5%葡萄糖，蒸馏水调配，自然pH值；酵母膏胨葡萄糖琼脂培养基（Yeast Extract Peptone Dextrose

161

Medium，YPD）：2%葡萄糖、2%蛋白胨、1%酵母浸膏、2%琼脂，蒸馏水配制。

尿素培养基[8]：蛋白胨0.1g、氯化钠0.5g、磷酸二氢钾0.2g、尿素0.2g、葡萄糖0.01g、蒸馏水100mL、酚红（0.2%）、琼脂（2%）。除尿素外把其他药品称好放入水中煮沸，使之溶解，调pH7.2过滤，121℃高压灭菌30min。

2.2 主要实验试剂与仪器

EX Taq酶（TaKaRa），dNTP（TaKaRa），ITS引物（Invitrogen合成），糖化酶（邢台万达生物工程有限公司）。

离心机（美国贝克曼库尔特有限公司），电泳仪（德国耶拿分析仪器股份公司），PCR仪（德国耶拿分析仪器股份公司），ABI3730XL测序仪（基景天津模塑制品有限公司）。

2.3 实验方法

2.3.1 产香酵母的分离与筛选

初筛：将酒醅粉碎，分别取粉碎样品于三角瓶中，加入225mL0.9%无菌氯化钠注射液和玻璃珠，放入摇床中振荡，充分混匀。无菌条件下用吸管吸取1mL菌悬液于装有9mL氯化钠注射液的试管中，进行系列稀释，取10-2、10-3、10-4、10-5和10-6梯度进行平板涂布于孟加拉红琼脂培养基上。28℃倒置培养3~5d，挑取平板中酵母单菌落，于10mL0.9%氯化钠注射液中制成菌悬液，再度稀释涂布到PDA固体培养基上，重复3~4次，直至获得纯种菌种，分别斜面画线低温保藏。

复筛：将初筛分离的不同菌株接种于麦芽汁液体培养基，28℃振荡培养36h，取4mL接种于盛有200g高粱小麦培养基中，加入20000U糖化酶。模拟酱香白酒窖池内33℃发酵25d，蒸酒，感官评定，初步筛选产香酵母。

2.3.2 GC-MS分析

分别取酵母所蒸馏的酒样1g，置于4mL固相微萃取仪采样瓶中，插入装有2cm~50/30μm DVB/CAR/PDMS StableFlex纤维头的手动进样器，在85℃左右顶空萃取 30min 取出，快速移出萃取头并立即插入气相色谱仪进样口（温度 250℃）中，热解析 3min 进样。

色谱柱为 ZB-5MSI5% Phenyl-95% DiMethyl-polysiloxane（30m × 0.25mm × 0.25μm）弹性石英毛细管柱，柱温 45℃（保留 2min），以 4℃ /min 升温至 220℃，保持 2min；汽化室温度 250℃；载气为高纯 He（99.999%）；柱前压 7.62psi，载气流量 1.0mL/min；不分流进样；溶剂延迟时间 1.5min。

离子源为电子轰击电离源（Electron Impact Ion Source，EI）；离子源温度 230℃；四极杆温度 150℃；电子能量 70eV；发射电流 34.6μA；倍增器电压 1125V；接口温度 280℃；质量范围 20~450amu。

对总离子流图中的各峰经质谱计算机数据系统检索及核对 Nist2005 和 Wiley275 标准质谱图，确定了挥发性化学成分，用峰面积归一化法测定了各化学成分的相对质量分数。

通过 GC-MS 分析，初步筛选的酵母中确定出产香酵母。

2.3.3 产酱香酵母的形态特征

菌落形态观察：将分离纯化后的菌株接种在 MEA 固体培养基上，28℃倒置培养 3d，观察菌落形态。

细胞形态观察：将菌株接种到 MEA 斜面培养基上，于 28℃培养 36h。在载玻片上滴加一滴无菌水，无菌条件下用接种环挑取少许菌体置于无菌水中，混合均匀并盖上盖玻片，显微镜下观察。

假菌丝的形成[9]：将菌株接种于玉米粉琼脂平板 28℃培养，观察假菌丝的有无及形态。

子囊孢子的观察[10]：将菌株接种于麦氏培养基（醋酸钠琼脂培养基）斜面上，28℃培养 7d 后，用接种环挑取少许生长在葡萄糖 - 醋酸盐培养基上的酿酒酵母于载玻片上，制成涂片，干燥、固定。用孔雀绿芽孢染液进行染色，晾干后在油镜下观察子囊孢子。

163

2.3.4 产香酵母的生理生化实验

糖发酵实验[11]：酵母先在25℃下用氮源基础培养基饥饿培养3d，制备碳源饥饿酵母，按2.5%接种到12.5%豆芽汁中（加20g/L葡萄糖），28℃发酵两周，每天观察产气情况。

硝酸盐利用实验[12]：酵母先在25℃下用碳源基础培养液培养5~7d，制备氮源饥饿酵母，用稀释涂布平板法在碳源基础培养基（含20g/L琼脂粉）平板上涂布，点少量硝酸盐在平板上，25℃培养2~3d，所点试剂处或周围有酵母菌落生长，即为阳性反应。

产类淀粉化合物测定实验[12]：将酵母接种于蛋白胨酵母膏葡萄糖培养液中，28℃培养后加入1滴Lugol's碘液，呈蓝色、紫色或绿色则为阳性，表示生成了类淀粉化合物。

脲酶实验[12]：在水解尿素实验的琼脂斜面上，于28℃培养酵母5~7d，呈淡红色，表明能分解尿素为阳性。

2.3.5 产香酵母的ITSrDNA PCR测序及系统发育树分析

提取样品基因组DNA，PCR引物：TSl：（5'-TCCGTAGGTGAACCTGCGC-3'），ITS4：（5'-TCCCCTCCGCTTATTGATATGC-3'）。50μL反应体系：模板DNA 5μL，PCR Premix 25μL，引物ITSl和ITS 4各0.5μL，ddH$_2$O补足至50μL。PCR反应条件：94℃，5min；94℃，1 min；55℃，1min；72℃，1min，30个循环；72℃，5min。1%琼脂糖凝胶电泳检测。测序由上海美吉生物医药科技有限公司完成。

将测序结果利用Blast程序搜索同源序列，以Clustal X软件进行多重序列比对[13]，再用MEGA5.O软件构建系统发育树[14]。

3 结果与分析

3.1 产香酵母的感官评定

通过初筛，从酒醅中分离出40株菌落形态不同的菌株，可将其分为4类，从而在种属的判定上有大致的方向，其菌落形态描述如表4-1所示。

表 4-1 酵母菌菌落形态描述

项目	Ⅰ类	Ⅱ类	Ⅲ类	Ⅳ类
颜色	白色	乳白	乳白	红色
形状	圆形	圆形	圆形	圆形
中央	凸起	凸起	平整	凸起
边缘整齐度	整齐	整齐	整齐	整齐
表面	湿润光滑	湿润光滑	湿润粗糙	湿润光滑
光泽度	有光泽	有光泽	无光泽	有光泽
是否透明	不透明	不透明	不透明	不透明
是否黏稠	黏稠	黏稠	黏稠	黏稠

40 株酵母经发酵产酒实验和感官评定如表 4-2 所示，筛出 12 株总体可接受性大于 5 的酵母。

表 4-2 酒样感官评定

菌株编号	酯味	酸味	酱味	酒味	总体可接受性	菌株编号	酯味	酸味	酱味	酒味	总体可接受性
1	5	1	0	5	6	21	1	1	0	5	5
2	2	1	0	8	8	22	2	5	0	5	4
3	7	0	1	6	7	23	2	5	1	6	3
4	3	3	0	4	4	24	3	7	0	4	2
5	3	1	0	4	5	25	4	5	0	5	4
6	6	3	0	5	5	26	2	1	0	2	2
7	2	2	0	7	7	27	5	3	0	4	6
8	8	0	1	3	8	28	6	4	0	5	7
9	1	1	0	5	5	29	1	5	0	5	4
10	2	3	0	4	4	30	5	3	0	6	5

菌株编号	酯味	酸味	酱味	酒味	总体可接受性	菌株编号	酯味	酸味	酱味	酒味	总体可接受性
11	2	1	5	2	6	31	1	2	0	3	3
12	1	2	0	3	3	32	2	3	1	4	4
13	3	6	0	6	5	33	3	4	0	5	3
14	2	2	0	5	4	34	3	2	0	2	2
15	1	2	1	5	4	35	4	5	0	5	3
16	4	2	0	3	3	36	5	3	0	5	6
17	1	1	0	6	6	37	2	4	0	4	4
18	2	5	0	4	3	38	2	6	0	2	4
19	4	1	0	6	6	39	1	5	1	4	2
20	1	2	0	2	2	40	4	1	0	5	7

气味强度按照数字1~10逐渐升高，可接受性数值越高说明接受性越强。

3.2 GC-MS 分析

通过GC-MS分析该11株酵母对应酒样，对比筛选出两株产香优势酵母FBKL2.0003和FBKL2.0008，各成分相对质量分数结果如表4-3和表4-4所示。

表4-3　FBKL2.0003酒样GC-MS成分分析表

No.	RT	Compound	Molecular Fomular	Molecular Weight	RC（%）
1	2.35	Ethanal	C_2H_4O	44	3.062
2	2.5	Ethanol	C_2H_6O	46	12.632
3	2.78	Methyl acetate	$C_3H_6O_2$	74	0.13
4	3.18	3-Buten-2-one	C_4H_6O	70	0.132
5	3.41	Ethyl acetate	$C_4H_8O_2$	88	21.249
6	3.61	Isobutanol	$C_4H_{10}O$	74	1.47
7	4.56	Hexan-3-one	$C_6H_{12}O$	100	0.132
8	4.85	Propyl acetate	$C_5H_{10}O_2$	102	0.409
9	5.4	Isopentanol	$C_5H_{12}O$	88	5.11
10	5.47	2-methyl-1-Butanol	$C_5H_{12}O$	88	4.045
11	5.81	Ethyl isobutanoate	$C_6H_{12}O_2$	116	0.211
12	6.15	Isobutyl acetate	$C_6H_{12}O_2$	116	0.605
13	8.98	3-methyl-bucylacetate	$C_7H_{14}O_2$	130	3.57
14	9.04	2-methyl-butylacetate	$C_7H_{14}O_2$	130	1.45
15	9.44	2-Heptanone	$C_7H_{14}O$	114	0.481
16	9.9	2-Heptanol	$C_7H_{16}O$	116	0.165

续表

No.	RT	Compound	Molecular Fomular	Molecular Weight	RC（%）
17	11.85	Benzaldehyde	C_7H_6O	106	0.16
18	12.45	1-Octen-3-ol	$C_8H_{16}O$	128	0.229
19	15.7	2-Nonanone	$C_9H_{18}O$	142	2.995
20	16.11	2-Octenol	$C_8H_{18}O$	130	5.861
21	16.84	Benzeneethanol	$C_8H_{10}O$	122	1.507
22	20.64	Phenethyl acetate	$C_{10}H_{12}O_2$	164	3.296
23	21.5	2-Undecanone	$C_{11}H_{22}O$	170	0.963
24	21.83	2-Undecanol	$C_{11}H_{24}O$	172	0.982
25	24.15	Tetradecane	$C_{14}H_{30}$	198	0.439
26	16.67	α-Zingibenene	$C_{15}H_{24}$	204	1.046
27	28.79	Lauric acid	$C_{12}H_{24}O_2$	200	3.049
28	29.02	未定			3.093
29	31.28	Heptadecane	$C_{17}H_{36}$	240	0.977
30	31.39	Phytane	$C_{20}H_{42}$	282	1.188
31	37.01	Palmitic aicd	$C_{16}H_{32}O_2$	256	7.882
32	37.18	Ethyl palmitate	$C_{18}H_{36}O_2$	284	7.538

表 4-4　FBKL2.0008 酒样 GC-MS 成分分析表

No.	RT	Compound	Molecular Fomular	Molecular Weight	RC（%）
1	2.35	Ethanal	C_2H_4O	44	0.647
2	2.5	Ethanol	C_2H_6O	46	30.339
3	2.78	Methyl acetate	$C_3H_6O_2$	74	0.029
4	2.98	1-Propanol	C_3H_8O	60	0.069
5	3.18	3-Buten-2-one	C_4H_6O	70	0.02
6	3.25	2-Butanone	C_4H_8O	72	0.15
7	3.32	2-Butanol	$C_4H_{10}O$	74	0.107
8	3.41	Ethyl acetate	$C_4H_8O_2$	88	12.551
9	3.61	Isobutanol	$C_4H_{10}O$	74	1.098
10	3.9	Isovalera	$C_5H_{10}O$	86	0.033
11	4.04	2-methyl-1-Butanal	$C_5H_{10}O$	86	0.011
12	4.85	Propyl acetate	$C_5H_{10}O_2$	102	0.044
13	5.17	1，1-diethoxy-Ethane	$C_6H_{14}O_2$	118	0.017
14	5.4	Isopentanol	$C_5H_{12}O$	88	2.569
15	5.47	2-methyl-1-Butanol	$C_5H_{12}O$	88	2.278
16	6.15	Isobutyl acetate	$C_6H_{12}O_2$	116	0.097
17	8.89	3-methyl-butylacetate	$C_7H_{12}O_2$	130	0.819
18	9.04	2-methyl-butylacelate	$C_7H_{14}O_2$	130	0.459

第二部分　酱香酒的酿造和科研

No.	RT	Compound	Molecular Fomular	Molecular Weight	RC（%）
19	9.44	2-Heptanone	$C_7H_{14}O$	114	0.047
20	9.9	2-Heptanol	$C_7H_{16}O$	116	0.09
21	11.85	Benzaldehyde	C_7H_6O	106	0.041
22	12.45	1-Octen-3-ol	C_8H_6O	128	0.034
23	13.04	（Z）-3-Hexenyl formate	$C_7H_{12}O_2$	128	0.024
24	14.46	Hyacinthin	C_8H_8O	120	0.106
25	15.7	2-Nonanone	$C_9H_{18}O$	142	0.291
26	16.11	2-Octenol	$C_8H_{18}O$	130	0.854
27	16.84	Benzeneethanol	$C_8H_{10}O$	122	0.453
28	17.79	ρ-Vinylanisole	$C_9H_{10}O$	134	0.051
29	18	Benzyl acetate	$C_9H_{10}O_2$	150	0.036
30	20.24	Ethyl phenylacetate	$C_{10}H_{12}O_2$	164	0.071
31	20.64	Phenethyl acetate	$C_{10}H_{12}O_2$	164	12.038
32	21.5	2-Undecanone	$C_{11}H_{22}O$	170	0.085
33	21.83	2-Undecanol	$C_{11}H_{24}O$	172	0.133
34	22.28	（E, E）-2, 4-Decadienal	$C_{10}H_{16}O$	152	0.055
35	22.53	4-vinyl-2-methoxy-Phenol	$C_9H_{10}O_2$	150	0.158
36	24.15	Tetradecane	$C_{14}H_{30}O$	198	0.158
37	25.39	2, 6-dimethyl-Undecane	$C_{13}H_{28}$	184	0.123
38	25.48	2, 4-dimethyl-Undecane	$C_{13}H_{28}$	184	0.086
39	25.74	2-methyl-Tetradecane	$C_{15}H_{32}$	212	0.243
40	25.93	3-methyl-Tetradecane	$C_{15}H_{32}$	212	0.093
41	26.67	α-Zingibenene	$C_{15}H_{24}$	204	4.14
42	27.05	β-Bisabolene	$C_{15}H_{24}$	204	0.669
43	27.48	β-Sesquiphellandrene	$C_{15}H_{24}$	204	0.392
44	27.72	α-Chamigrene	$C_{15}H_{24}$	204	3.285
45	28.31	3-methyl-Pentadecane	$C_{15}H_{34}$	226	0.282
46	29.02	未定			18.075
47	31.28	Heptadecane	$C_{17}H_{36}$	240	0.251
48	31.39	Phytane	$C_{20}H_{42}$	282	0.655
49	31.93	未定			1.186

No.	RT	Compound	Molecular Fomular	Molecular Weight	RC（%）
50	37.01	Palmitic aicd	$C_{16}H_{32}O_2$	256	1.152
51	37.18	Ethyl palmitate	$C_{18}H_{36}O_2$	284	1.117

酱香型固态白酒中酵母香味物质产量鲜有报道，本实验通过 GC–MS 分析，11 株酵母对应酒样中 FBKL2.0003 菌株乙酸乙酯产量在所有样品中最高，达 21.249%。同时，其他醇酯产量也都比较丰富，如异戊醇达 5.11%，乙酸苯乙酯达 3.296%。

FBKL2.0008 菌株乙酸苯乙酯产量高达 12.038%，而其他样品均在 0~4%。同时，其他香味物质产量也都比较丰富，如乙酸乙酯达 12.551%，α－姜烯达 4.14%，异戊醇达 2.56%，乙醇达 30.339%，而普通酵母的发酵只能产 9%~11% 的乙醇[15]，说明此菌株还具有较高的产酒能力，有很大的商业化价值。

3.3 产香酵母的鉴定

3.3.1 菌落形态及显微形态观察

两株菌株在 MEA 固体培养基上，28℃倒置培养 3d，其形态结果如表 4–5 和图 4–1、图 4–2、图 4–3 所示。

表 4–5 菌落形态

菌株编号	形状	大小（mm）	中央	光泽度	透明度	颜色	质地	边缘	子囊孢子	假菌丝	芽体
FBKL2.0003	圆形	3.5	凸起	有光泽	不透明	乳白	黏稠	整齐	无	有	有
FBKL2.0008	圆形	4.0	凸起	有光泽	不透明	白	黏稠	整齐	有	无	有

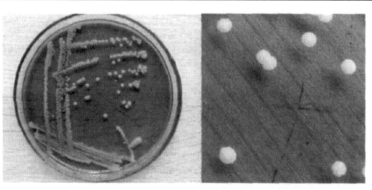

图 4–1 FBKL2.0003 菌株接种在 MEA 培养基生长 3d

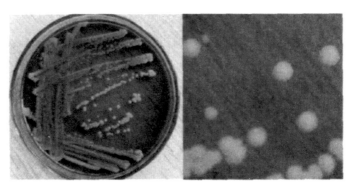

图 4-2　FBKL2.0008 菌株接种在 MEA 培养基生长 3d

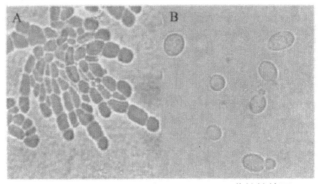

图 4-3　FBKL2.0003 和 FBKL2.0008 菌株镜检图

3.3.2 酵母菌生理生化特性结果

对两株酵母进行生理生化特性实验，其结果如表 4-6 所示。

表 4-6　酵母菌生化特性形态

菌株编号	香味	子囊孢子	硝酸盐利用	产类淀粉物质	葡萄糖发酵	脲酶实验
FBKL2.0003	有	无	−	−	+	−
FBKL2.0008	有	有	+	−	+	−

从表 4-6 可知，两株酵母都有香味，且不能产生淀粉类物质，可以利用葡萄糖，但都无法利用尿素，除此之外，FBKL2.0003 不能产生子囊孢子，而且无法利用硝酸盐，FBKL2.0008 能产生子囊孢子，且可以利用硝酸盐。

3.3.3 分子生物学鉴定

为了进一步确定两株酵母的分类地位，在形态学和生理生化的基础上又进行了分子生物学鉴定。采用 ITS 序列分析方法，菌株 DNA 序列扩增，扩增出核酸片断与 Mark 比较，有一条明亮的 PCR 特征性条带，如图 4-4 所示，其分子量大小与预测的理论值基本相符，FBKL2.0003 菌株和 FBKL2.0008 菌株的 PCR 产物片段大小分别为 467 bp 和 524 bp。测序结果利用 Blast 程序与 GenBank 中已登录的基因序列进行比对，获得已定名的与之相似的属、种的相关信息。构建发育树和同源性分析结果显示，菌株 FBKL2.0003 与平常假丝酵母（Candida inconspicua）聚于一支，二者同源性为 99%。菌株 FBKL2.0008 与毕赤氏酵母（Pichia kudriavzevii）聚于一支，二者同源性为 99%。综合以上形态特征及生理学特征采用《酵母菌特征及鉴定手册》[16] 介绍的方法对两株酵母分类，可以判断菌株 FBKL2.0003 为假丝酵母菌属的平常假丝酵母（Candida inconspicua）；FBKL2.0008 为毕赤氏酵母属的毕赤氏酵母（Pichia kudriavzevii），具体如图 4-4、图 4-5、图 4-6、图 4-7、图 4-8 所示。

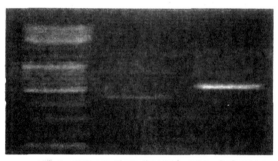

Mark FBKL2.0003(467 bp) FBKL2.0008(524 bp)

图 4-4　PCR 产物电泳图谱

AAATGAGCTTAGTACTACCTGCGTGAGCGGAACGAAAACAACAACACCTAAAATGTGGAATATAGCATAGTCGACAAGAG
AAACCTACGAAAAACAAACAAAACTTTCAACAACGGATCTCTTGGTTCTCGCATCGATGAAGAGCGCAGCGAAATGCGAT
ACCTAGTGTGAATTGCAGCCATCGTGAATCATCGAGTTCTTGAACGCACATTGCGCCCCTCGGCATTCCGGGGGGCATGC
CTGTTTGAGCGTCGTTTCCATCTTGCGCGTGCGCAGAGTTGGGGGAGCGGAGCGGACGACGTGTAAAGAGCGTCGGAGCT
GCGACTCGCCTGAAAGGGAGCGAAGCTGGCCGAGCGAACTAGACTTTTTTTCAGGGACGCTTGGCGGCCGAGAGCGAGTG
TTGCGAGACAACAAAAAGCTCGACCTCAAATCAGGTAGGAATACCCGCTGAACTTAAGCATATCAAA

图 4-5　FBKL2.0003 序列结果

CGAGACAACAAAAAGCTCGACCTCAAATCAGGTAGGAATACCCGCTGAACTTAAGCATATCTAAGAGACCCAGGAACGGG
GATCATTACTGTGATTTAGTACTACACTGCGTGAGCGGAACGAAAACAACAACACCTAAAATGTGGAATATAGCATAGT
GACAAGAGAAATCTACGAAAAACAAACAAAACTTTCACAACGGGATCTCTTGGTTCTCGCATGATGAAGAGCGCAGCGAA
ATGCGATACTAGTGTGAATTGCAGCATCAGAAATCATCAGTTCTTGAACGCACATTGCCCGCCCTCTATCGGGGGGCGGC
CTGTTTGACCTTCCTTCCTTCCGCGCTTGCCGGATGGAGGGGACGACACGCCACGTATGTAAGACTGCGACTCGCTACCT
CCCGGAACGGAGACTGACGCATGCCACTACAACAACTACGAGGCTCCGGGGGCCACAAAGCGAGTGTTGCAACACAAAG
CTCACTCATCAGTAGGATACCGGTACTAGCTATCTAGCGAGTAC

图 4-6　FBKL2.0008 序列结果

第
二
部
分

酱
香
酒
的
酿
造
和
科
研

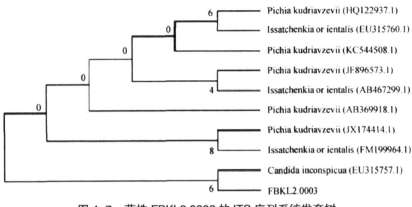

图 4-7　菌株 FBKL2.0003 的 ITS 序列系统发育树

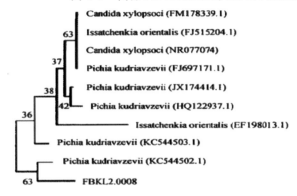

图 4-8　菌株 FBKL2.0008 的 ITS 序列系统发育树

4　结论

从酱香白酒酒醅中分离得到两株产香菌株，通过形态学、生理生化实验和分子生物学鉴定，确定 FBKL2.0003 菌株和 FBKL2.0008 菌株分别为平常假丝酵母和毕赤氏酵母。其中，FBKL2.0003 菌株有较强的产乙酸乙酯能力；FBKL2.0008 菌株拥有强的产乙酸苯乙酯能力。而乙酸苯乙酯带玫瑰花香、芬香、蜂蜜样香气，类似苹果样的果香，并带有可可和威士忌样的香韵，高度稀释、淡弱的乙酸苯乙酯香气有安神、镇定及催眠的作用，这是"芳香疗法"研究取得的最新成果。

酱香型白酒中呈香呈味物质有 800~1000 种，其香味物质主要来源于酿酒原料、非酶化学反应、各种生物酶的作用、微生物代谢和次级代谢产物，主体香味物质争议颇多，但其中酯类物质是提升香味、增加熟厚感必不可少的。在白酒中酯的含量越高，酒的香味越浓郁，白酒的酯量越好，产香酵母可以提高白酒的含酯量，以改善白酒的风味，其香味的组分也是评价白酒风格和质量的一个重要指标[17]，而本实验分离筛选的酵母既可产酒又可产香，下一步将细致优化发酵条件将其应用于酒类或者香料生产实验。

参考文献

［1］王国良，宋俊梅，曲静然.生香酵母及其应用［J］.食品工业，2004（3）：16-17，29.

［2］周世水，熊建喜.酒曲中生香酵母的分离鉴定与产酯工艺优化［J］.现代食品科技，2010（1）：98-99，108.

［3］陆振群.酒曲中生香酵母的分离及生理生化鉴定［J］.酿酒科技，2012（3）：37-39.

［4］胡永松，王忠彦，邓小晨，等.对酿酒工业生态及其发展的思考（提要）［J］.酿酒科技，2000（1）：22-23.

［5］陈天寿.微生物培养基的制造与应用［M］.北京：中国农业出版社，1995.

［6］何国庆，贾英民.食品微生物学［M］.北京：中国农业大学出版社，2005.

［7］汪江波，张晶，方尚玲，等.稻花香包包曲制曲过程微生物区系动态变化研究［J］.酿酒，2010，37（2）：35-37.

［8］陈兰兰.优良酵母菌株的筛选及其在干红葡萄酒中的应用［D］.石河子：石河子大学，2009.

［9］胡开辟.微生物学实验［M］.北京：中国林业出版社，2004.

［10］杨文博.微生物学实验［M］.北京：化学工业出版社，2004.

［11］王小红，徐康，赵山，等.孝感凤窝酒曲中酵母菌的分离及特性研究［J］.现代食品科技，2008，24（2）：134-137.

［12］赵斌，何绍江.微生物学实验［M］.北京：科学出版社，2002.

［13］Thompson J D., Higgins D G, Gibson T J., Clustal W, Improving the Sensitivity of Progressive Multiple Sequence Alignment Through Sequence Weighting, Position-specific Gap Penalties and Weight Matrix Choice [J]. *Nucleic Acids Res*, 1994, 22 (22): 4673-4680.

[14] Tamura K, Dudley J, Nei M, et al., MEGA4: Molecular Evolutionary Genetics Analysis (MEGA) Software Version 4.0 [J]. *Mol Biol Evol*, 2007, 24 (8): 1596-1599.

[15] 张强, 郭元, 韩德明. 酿酒酵母乙醇耐受性的研究进展 [J]. 化工进展, 2014 (1): 187-192.

[16] 巴尼特, 佩恩·亚罗. 酵母菌的特征与鉴定手册 [M]. 胡瑞卿译, 青岛: 青岛海洋大学出版社, 1991.

[17] 胡沂淮, 贾亚伟, 戴源, 等. 生香酵母 Yeast-1 产香物质的 GC-MS 分析 [J]. 酿酒科技, 2014 (2): 87-89.

（本文发表于《食品安全质量检测学报》2014年第5卷第6期）

酱香型大曲中具产酶功能霉菌的分离筛选

班世栋[1, 3]，王晓丹[1, 4]，陈孟强[2]，胡宝东[1, 4]，陆安谋[2]，梁芳[2]，邱树毅[1, 4]

【1.贵州大学发酵工程与生物制药省重点实验室，贵阳 550025；2.贵州珍酒酿酒有限责任公司，遵义 563003；3.贵州大学生命科学学院，贵阳 550025；4.贵州大学酿酒与食品工程学院，贵阳 550025】

摘 要： 目的：从酱香型大曲中筛选功能菌。方法：从贵州省某酒厂的酱香大曲中分离到 19 株霉菌，测定各菌株的液化酶、糖化酶和蛋白酶活力。结果：筛选到 2 株同时产液化酶、糖化酶和蛋白酶三种酶活都相对较高的菌株，对 2 株菌进行鉴定，并构建系统进化树，经鉴定 2 株菌分别为谢瓦散囊菌 FBKL3.0004 和阿姆斯特丹散囊菌 FBKL3.0013。结论：筛选的 2 株菌能够应用于白酒酿造。

关键词： 酱香大曲；霉菌；分离；酶活力

酱香型大曲具有微生物多样性特性，主要微生物类群有细菌、霉菌和酵母[1-4]。这些微生物对大曲的成熟有重要作用，特别是一些功能微生物。这些微生物能产生一系列酶降解大曲及发酵时的原料，以利于微生物的进一步利用。

对于大曲酶系的研究，主要体现在对液化酶、糖化酶和蛋白酶[5-8]的研究上，其中液化酶和蛋白酶主要由细菌和霉菌产生，而糖化酶主要由霉菌产生[5]。目前，对于霉菌产酶的报道不多，都是对单一酶活的研究[9, 10]。

而研究霉菌时发现，霉菌不仅对发酵中大分子物质有降解作用，并与白酒风味物质密切相关[11]。一般而言，红曲霉与酯类的合成有关，木霉则主要降解纤维素和淀粉，根霉与一些挥发性成分的合成有关，而青霉影响大曲的质量[12]。

酱香型大曲中，液化酶、糖化酶和蛋白酶活力也是判断其质量的标准之一，因此选择相对较高酶活力的功能菌对白酒酿造有重要意义。本研究从酱香型大曲中分离筛选到 19 株霉菌，分别对液化酶、糖化酶和蛋白酶活力进行测定，发现各菌株之间酶活相差较大，从中筛选出 2 株产上述三种酶活都较高的菌株，并鉴定为谢瓦散囊菌 FBKL3.0004 和阿姆斯特丹散囊菌 FBKL3.0013。

1 材料与方法

1.1 大曲

酱香型大曲来自贵州某酒厂。

1.2 主要仪器

YS100 光学显微镜（日本尼康），UV-2550 紫外可见分光光度计（日本岛津公司）。

1.3 试剂

植物基因组 DNA 提取试剂盒（天根生化科技有限公司），其他试验所需试剂为国产分析纯。

1.4 培养基

马铃薯琼脂培养基（PDA）：购于上海博威科技有限公司；马铃薯液体培养基：购于上海博威科技有限公司；察氏培养基（CA）：购于上海博威科技有限公司。

1.5 菌株的分离

10g 粉碎大曲溶于 90mL 生理盐水中，充分振荡 30min，稀释到合适的梯度，用浇注平板法在 PDA 培养基上分离不同霉菌，32℃培养 3d，纯化菌种接种到 PDA 斜面培养基中，培养 3d 后 4℃保存。

1.6 粗酶液的制备

将分离并斜面保藏的菌株活化 2~3 次，接种到 PDA 斜面培养基上培养 7d，并制作培养物[13]，培养好后 40℃烘箱中干燥 10h，称取 5g 干燥培养物于 250mL 的三角瓶中，加入 100mL 蒸馏水，40℃水浴 1h，每隔 15min 搅拌一次，之后用定性滤纸过滤，滤液为粗酶液。

1.7　菌株的酶活测定

1.7.1　液化酶活力测定：采用 Young J.Yoo 改良法[14]，反应 20min，每个样做三个平行。

$$酶活力 = (R_0\text{-}R) \div R_0 \times 50 \times D \div 4$$

式中：R_0——对照光密度；

R——反应液的光密度；

D——酶的稀释倍数。

（R_0-R）/R_0 的比在 0.2~0.7，超出此范围，对酶液适当稀释后测定酶活。

酶活定义：在 40℃，5min 内水解 1mg 淀粉（0.5% 淀粉）的酶量为一个活力单位。

1.7.2　糖化酶活力测定：采用 DNS 法[15]，反应时加酶液 0.4mL，每个样做三个平行，其葡萄糖标准曲线如图 4-9 所示。

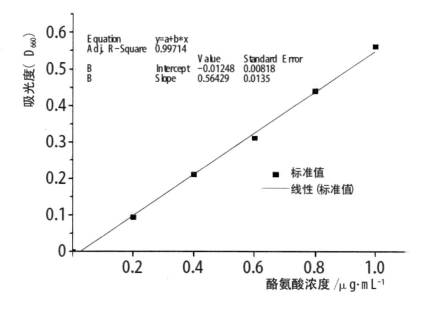

图 4-9　葡萄糖标准曲线

$$酶活力 =OD \times n \times k \times 2.5 \times 20 \times 3$$

式中：OD——吸光度；

2.5——将 0.4mL 毫升酶液换算成 1mL 酶液；

k——比色常数（C/A）；

n——酶稀释倍数；

20——将 0.5mL 反应液换算成 10mL；

3——将 20min 换算成 1h。

酶活定义：在 40℃ pH4.6 条件下，每小时水解淀粉产生 1mg 葡萄糖作为一个酶活力单位。

1.7.3 蛋白酶活力测定：采用福林酚法，所测定的样品做三个平行，酪氨酸标准曲线如图 4-10 所示。

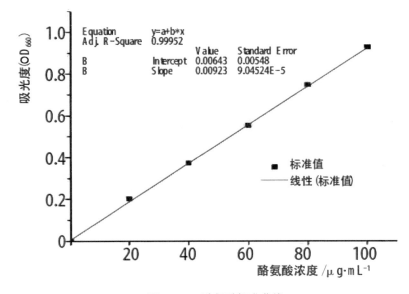

图 4-10　酪氨酸标准曲线

样品蛋白酶活力单位 =A/10 × 4 × N × 1/（1-W）

式中：A——由样品测得 OD 值，查标准曲线得相当的酪氨酸微克数（OD 值 ×K）；

4——4mL 反应液取出 1mL 测定（即 4 倍）；

N——酶液稀释的倍数；

10——反应 10min；

W——样品水分百分含量。

酶活定义：在 40℃下每分钟水解酪蛋白产生 1μg 酪氨酸，定义为一个蛋白酶活力单位。

1.8 分离霉菌的形态特征

将已经分离纯化的菌株接种到 PDA 培养基上，在 25℃培养箱中培养 10d，观察菌落的形态特征，并用乳酸石碳酸棉蓝染色液染色制片，在显微镜下观察菌丝及其孢子的形态特征。

1.9 分离霉菌分子生物学鉴定及构建系统进化树

将分离到的菌种接种到马铃薯液体培养基中，32℃培养 3d，过滤，吸取菌丝球中的水分，用试剂盒提取 DNA。采用真菌 ITS 序列通用引物 ITS4（5' TCCT CCGC TTAT TGAT ATGC3'）和 ITS5（5' GGAA GTAA AAGT CGTA ACAAGG3'），反应体系为 25μL，其中加 2×MIX 12.5μL，10μM 的上、下游引物 1μL，提取 DNA 2μL。PCR 扩增条件为，94℃预变性 5min，94℃变性 1min，51℃退火 1min，72℃延伸 1min，35 个循环，最后延伸 5min，4℃保温。将扩增产物取 4μL 的做琼脂糖凝胶电泳（1%），在凝胶成像系统上观察结果，PCR 产物测序送上海生工生物工程有限公司完成。将测序结果在 NCBI 数据库中比对，从中选择多条序列用 MEGA5.05 构建进化树，所采用的方法为邻接法（Neighbor-Joining，NJ），选择 Kimura 2-parameter 模型，可靠性检验采用自展值法，并设置为 1000 个重复。

2 结果与分析

2.1 霉菌的分离

酱香型大曲中微生物的种类和数量较多，研究表明，分离的霉菌中大多是毛霉、根霉、曲霉和青霉等[12]。

从大曲中分离到 19 株霉菌，命名为 FBKL3.0001~FBKL3.0019，形态特征描述如表 4-7 所示。

表 4-7 霉菌在 PDA 培养基上菌落形态特征

菌株	正面颜色	反面颜色	表面	质地	边缘	高度	气味
FBKL3.0001	中间白色,周围淡黄色	淡黄色	致密,有褶皱	皮革状	锯齿状	中间凸起	霉味
FBKL3.0002	淡黄色	黄色	致密	粉粒状	锯齿状	隆起	霉味
FBKL3.0003	白色	橘黄色	疏松	羊毛状	全缘	隆起	芳香味
FBKL3.0004	中间黄色,边缘白色	橘黄色	致密,有褶皱	绒状	全缘	隆起	芳香味
FBKL3.0005	白色	白色	致密,有褶皱	皮革状	全缘	隆起	霉味
FBKL3.0006	淡黄色	淡黄色	致密,有褶皱	粉粒状	纤毛状	扁平	霉味
FBKL3.0007	白色	淡黄色	致密,有褶皱	皮革状	锯齿状	隆起	霉味
FBKL3.0008	中间深灰色,边缘淡灰色	淡黄色	疏松	绒状	锯齿状	扁平	芳香味
FBKL3.0009	灰色	淡黄色	疏松	羊毛状	纤毛状	隆起	芳香味
FBKL3.0010	中间黄色,边缘白色	淡橙色	致密	绒状	纤毛状	扁平	霉味
FBKL3.0011	白色	黄色	致密,有褶皱	绒状	全缘	隆起	芳香味
FBKL3.0012	灰褐色	褐色	疏松	棉絮状	纤毛状	扁平	芳香味
FBKL3.0013	黄色	橘黄色	致密,有褶皱	絮状	全缘	隆起	芳香味
FBKL3.0014	黄色	橘黄色	致密,有褶皱	絮状	全缘	隆起	霉味
FBKL3.0015	中间黄绿色,边缘白色	橙黄色	致密	绒状	纤毛状	隆起	无味
FBKL3.0016	中间淡黄色,周围白色	淡黄色	致密,有褶皱	棉絮状	纤毛状	扁平	芳香味
FBKL3.0017	灰褐色	橙黄色	致密,有褶皱	絮状	纤毛状	扁平	霉味
FBKL3.0018	中间灰白色,边缘灰色	淡黄色	疏松	羊毛状	纤毛状	隆起	芳香味
FBKL3.0019	中间黄色,边缘白色	橘黄色	致密,有褶皱	絮状	纤毛状	隆起	霉味

2.2 酶活力的测定

2.2.1 液化酶

液化酶是淀粉酶中的一种，其主要作用是从淀粉的非还原端将淀粉切割为大、小糊精以利于其他淀粉酶降解。该酶可以使淀粉黏度降低，并与其他淀粉酶共同作用进一步降解，以利于微生物的利用。

经测定 19 株霉菌的液化酶活力，如图 4-11 所示，发现各菌株酶活差异较大，酶活为 0~212.04 μ/g。

FBKL3.0004 和 FBKL3.0013 酶活较高，有 6 株菌的液化酶酶活很小，甚至有的未检测到酶活，其他几株的酶活变化不大，相差 10~20 μ/g。可以看出，分离到液化酶高的霉菌很少，且产此酶的菌株差异较大，可能不同的霉菌类群有不同的酶系统。

2.2.2 糖化酶

糖化酶从非还原端将淀粉直接降解为葡萄糖，并对其他淀粉酶降解成的麦芽糖进行分解，终产物为葡萄糖。在酱香大曲研究中，由于关系到淀粉的利用及酿酒过程中白酒的出酒率，糖化酶活也是酒厂关注大曲质量的一项重要指标。

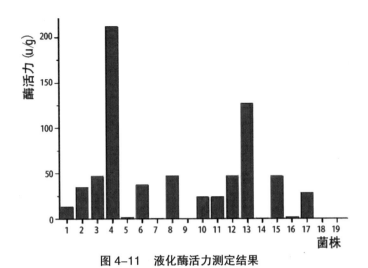

图 4-11   液化酶活力测定结果

经测定 19 株霉菌的酶活如图 4-12 所示，各株菌的糖化酶酶活都不高，酶活在 36~204 μ/g，差异也较大。

FBKL3.0002、FBKL3.0004、FBKL3.0008、FBKL3.0013 和 FBKL3.0015 霉菌活力较高，且这几株酶活相差不是很大，FBKL3.0013 菌株酶活最高，为 199.18 μ/g，在 150 μ/g 左右的有 6 株，甚至有 5 株的酶活在 50 μ/g 以下，这与李祖明等报道结果一致。

刘秀等从茅台酒曲中分离到一株红曲霉，研究其酶活力也较低，说明酱香型大曲中产糖化酶的丝状真菌通常产糖化酶的活力较低。

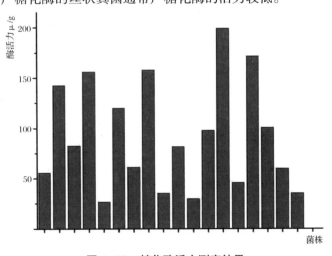

图 4-12   糖化酶活力测定结果

181

2.2.3 蛋白酶

蛋白酶能够水解酱香大曲中的蛋白质，其代谢产物是白酒香味物质的来源之一，并且为微生物生长提供营养物质；除此之外，氨基酸与葡萄糖能够发生反应，为白酒香味提供前提物质，而蛋白质降解为小分子物质需要蛋白酶的参与，所以对于蛋白酶进行研究有重要意义。

测定分离的霉菌的蛋白酶酶活如图 4-13 所示，其酶活为 0~113.78 μ/g。其中 FBKL3.0034 的霉菌酶活相对较高，有 6 株酶活很低，在 5 μ/g 以下，其他各株的酶活不高，且相差不大，说明分离筛选的霉菌中的蛋白酶酶活大多较低。蛋白酶主要由霉菌和细菌产生，已分离到的细菌或霉菌酶活高低不同[10]，这可能与酶活测定方法有关。

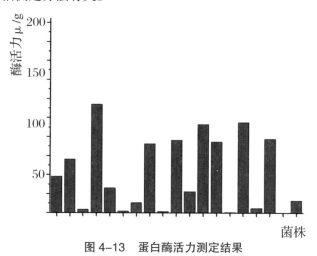

图 4-13　蛋白酶活力测定结果

2.3 筛选霉菌形态特征

从三种酶活结果可知，FBKL3.0004 和 FBKL3.00013 霉菌三种酶活总体水平相对较高，所以对这两株菌进一步鉴定，将此两株菌接种在 CA 培养基上，菌株 FBKL3.0004 在 CA 培养基上生长也比较缓慢，25℃培养 12d 后，菌落正面黄褐色，分生孢子灰绿色，闭囊壳黄色，反面深褐色，无渗出液，子囊孢子表面光滑，"赤道"部分现浅沟，鸡冠状突起似滑轮，凸面光滑，分生孢子头辐射形，顶囊烧瓶形，产包结构单层，分生孢子球形，椭圆形，壁具小刺。

FBKL3.0013 在 CA 培养基上生长缓慢，25℃培养 12d 后，菌落平坦，分生孢子和闭囊壳混在一起，分生孢子暗绿色，闭囊壳黄色，菌落反面黄色，子囊孢子双凸镜形，"赤道"部分有沟、鸡冠状突起，分生孢子头初为球形，后呈辐射形，分生孢子梗光滑，顶囊呈烧瓶形，产孢结构单层，分生孢子球形，近球形，壁具刺（见图 4-14）。

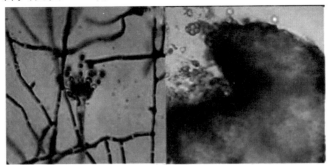

FBKL3.0004

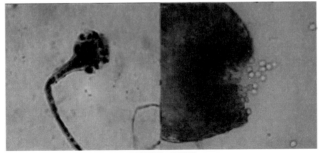

FBKL3.0013

图 4-14　FBKL3.0004 和 FBKL3.00013 显微镜观察结果（放大 1000 倍）

2.4　分子生物学鉴定及构建系统进化树

两株菌进化关系如图 4-15 所示，可以看出 FBKL3.0004 和 FBKL3.0013 与散囊菌属聚在一支，在美国生物技术信息中心（National Center for Biotechnoly Information，NCBI）数据库进行同源性分析，Blast 比对 ITS 序列，发现二者与散囊菌属的几株菌的序列一致性在 100%，结合形态学特征，鉴定 FBKL3.0004 为谢瓦散囊菌，研究发现其耐热性较高。FBKL3.0013 为阿姆斯特丹散囊菌。

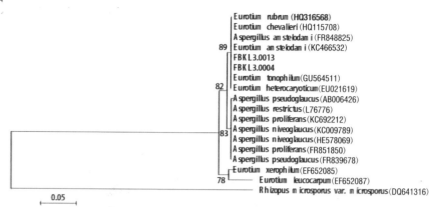

图4-15　两株霉菌NJ树

3 结论

对酱香大曲中分离到的19株霉菌测定不同酶活结果显示，各株霉菌的液化酶、糖化酶和蛋白酶三种酶活力均不高，这与高温酱香大曲的各种酶活力本身不高是相一致的。在所测酶活中，各菌株酶活差异较大，酶活高的比例很小，在10%左右，而有些则未检测出酶活。在酿酒过程中，淀粉酶和蛋白酶活力的高低，对于出酒率和白酒品质有一定影响，所以分离筛选产酶种类较多，且各种酶活较高的菌株，对于白酒的酿造有重要作用。

参考文献

［1］杨代永，范光先，汪地强，吕云怀.高温大曲中的微生物研究［J］.酿酒科技，2007（5）:37-41.

［2］刘效毅，郭坤亮，辛玉华.高温大曲中微生物的分离与鉴定［J］.酿酒科技，2012（6）:52-55.

［3］Wu Q., Chen L., Xu Y., Yeast Community Associated with the Solid State Fermentation of Traditional Chinese Maotai-flavor Liquor［J］.*International Journal of Food Microbiology*，2013，166（2）：323-330.

［4］Zheng X W，Yan Z，Han B Z，et al.，Complex Microbiota of a Chinese "Fen" Liquor Fermentation Starter（Fen-Daqu），Revealed by Culture-

Dependent and Culture-independent Methods［J］.*Foodmicrobiology*，2012，31（2）:293-300.

［5］沈怡方.白酒生产技术全书［M］.北京：中国轻工业出版社，1998：172.

［6］唐玉明，李永寿，张正英，等.浓香型酒大曲质量评定方法的研究［J］.酿酒科技，1995（3）:77.

［7］陈靖余，周应朝.泸型大曲质量标准及鉴曲方法的探索［J］.酿酒，1996（3）:6-7，43.

［8］刘念.四川浓香型白酒五朵金花制曲比较［J］.酿酒科技，2000（2）:25-281.

［9］张应莲，黄永光.酱香大曲中Geotrichum candidum MTBD菌株筛选及发酵产物研究［J］.酿酒科技，2012（12）：31-33.

［10］周靖，吴天祥.酱香大曲中红曲霉的筛选及其酶活性能研究［J］.酿酒科技，2013（10）：24-26.

［11］张文学，乔宗伟，胡承，王忠彦.浓香型白酒糟醅中真菌菌群的多样性分析［J］.四川大学学报（工程科学版），2006（5）:97-101.

［12］Zheng X W，Tabrizi M R，Nout M J，et al.，Daqu——A Traditional Chinese Liquor Fermentation Starter［J］.*Journal of the Institute of Brewing*，2011，117（1）：82-90.

［13］龙茜萍，王晓丹，谭静，等.一株高产糖化酶菌株的筛选与鉴定［J］.酿酒科技，2013（8）:7-9.

［14］姜涌明，史永旭，隋德新.枯草芽孢杆菌86315α——淀粉酶的研究［J］.江苏农学院学报，1992，13（2）：47-56.

［15］孙淑琴，邵冬梅.比色法快速测定糖化酶活力新方法［J］.河北省科学院学报，1997（2）：35-39.

现代科技在酱香型白酒研究与生产中的应用

陶菊[1,2]，陈孟强[3]，邹江鹏[4]，周鸿翔[1,2]，魏燕龙[4]，陆安谋[3]，胡鹏刚[1,2]，
王晓丹[1,2]，邱树毅[4]

【1.贵州大学发酵工程与生物制药省重点实验室，贵州贵阳550025；2.贵州大学酿酒与食品工程学院，贵州贵阳550025；3.贵州珍酒酿酒有限公司，贵州遵义563003；4.贵州金沙窖酒酒业有限公司，贵州金沙551800】

摘　要：科学发展和技术创新对酱香型白酒产业的持续、健康发展具有重要的支撑、引领作用。本文阐述了微生物学技术、分子生物学技术、计算机勾兑技术、现代分析技术等多种现代科技在酱香型白酒理论研究与实际生产中的应用。同时，也对酱香型白酒的未来科学研究和技术发展热点进行了初步探讨。

关键词：酱香型白酒；现代科技；应用；研究热点

成熟的科技研发力量与活跃的科技创新是白酒行业不断发展与超越的真正动力。中国的白酒业发展至今已有上千年的历史。但是，在科技进步日新月异的当代，传统的白酒行业必须充分依靠现代科技革命所产生的新成果和新技术，加强科技研究应用与创新，才能进一步提高产业的核心竞争力，实现持续、健康的发展[1]。

在酱香型白酒生产过程中，尽管生产企业十分强调保持传统，但现代科学技术在生产中的应用仍然受到企业的高度重视。我国酱香型白酒的科学研究起源于20世纪50年代末。1959—1960年和1964—1965年，原轻工部组织白酒行业专家对茅台酒进行了一系列的科学研究，包括茅台酒传统工艺、茅台的微生物环境以及茅台酒的物质构成等，开启了酱香型白酒科学研究之路[2]。随后，国内的众多科研机构和研究人员对酱香型白酒从多学科、多角度开展了持续的研究，使酱香型白酒产业在科技进步、技术改造等方面取得了巨大成就，不仅在酿酒微生物、酿造工艺、酒体特征等多方面取得了大量研究成果[2-4]，还推动了酱香型白酒产业不断向工业化、自动化、智能化的现代化方向发展。

本文将从微生物学、分子生物学、计算机勾兑技术、现代分析技术等多个技术领域出发阐述现代科技在酱香型白酒研究与生产中的应用。同时，也对酱香型白酒未来的科学研究和技术发展热点进行一定探讨，希望为酱香型白酒的科技发展与创新提供理论参考和科研思路。

1 现代科技在酱香型白酒研究与生产中的应用

1.1 微生物学技术

白酒酿造过程实际上是不同微生物代谢的复杂过程，要弄清白酒的发酵本质，就必须从微生物着手来进行研究[5]。微生物学技术是促进酱香型白酒发展及质量提高的重要技术措施之一。目前，微生物学技术在酱香型白酒中的应用主要涉及以下几方面。

1.1.1 应用于酿造微生物的分离与鉴定

酱香型白酒独特的酿造工艺形成了其特殊的微生物区系。对酿造过程中的微生物进行分离、纯化、鉴定，有助于揭示酱香型白酒发酵机理。从 20 世纪 50 年代起，我国科研人员就开始了这方面的工作。1959—1965 年，相关专家组就从茅台大曲和酒醅中分离并保藏了 70 种微生物菌株。1982 年，研究人员又在茅台大曲中分离微生物菌株 95 种。其中，细菌 47 株（多属于芽孢杆菌属）、霉菌 29 株和酵母菌 19 株。随后，茅台技术中心对茅台地域环境、制曲发酵、堆积发酵过程中的微生物进行了研究。到 2006 年，茅台技术中心已分离并保藏微生物 329 种[6]。其中，从酒醅中分离微生物 85 种（细菌 41 种、酵母 28 种、霉菌 16 种）；从制曲发酵过程中分离得到微生物 97 种（细菌 40 种、酵母 18 种、霉菌 35 种、放线菌 4 种）；从地域环境中分离得到微生物 147 种（细菌 53 种、酵母 11 种、霉菌 49 种、放线菌 34 种）。2007 年，杨代永等对不同季节、不同地点制曲发酵过程中的微生物进行了选择性分离培养[7]。通过形态鉴定和生理生化特性测定，得到高温大曲发酵过程中的主要微生物，共分离出 98 种微生物（霉菌 51 种、细菌 41 种、酵母 6 种）。2008 年，武晋海等对太空搭载茅台酒大曲中耐高温霉菌进行分离纯化[8]，得到了 3 株在 50℃以上可旺盛生长的霉菌，分别归属为 Gilmaniella、Gilmaniella 和 Absidia，2011年，杨涛等从高温大曲中分离得 5 株嗜热芽孢杆菌，经鉴定分别归属于地衣芽孢杆菌、枯草芽孢杆菌、短小芽孢杆菌、解淀粉芽孢杆菌及巨大芽孢杆菌[9]。他们又从高温堆积酒醅中分离获得 3 株酵母菌，分别归属于白色球拟酵母、异常汉逊酵母、产朊假丝酵母。2012 年，刘雯雯等在黑龙江北大仓酱香型白酒酒醅样本内分离到 328 株霉菌，鉴定为 13 属 23 种，包括子囊菌 3 种、接合菌1 种和有丝分裂孢子真菌（Mitosporic fungi）19 种[10]。

1.1.2 应用于酿造微生物类群和数量结构研究

了解白酒生产过程中微生物类群和数量结构及变化，有利于了解发酵机理和物质代谢过程，对指导白酒的发酵生产和提高白酒品质有十分重要的意义。1981 年，崔福来等考察了酱香型武陵酒酒醅及大曲在发酵过程中微生物种类及其消长情况[11]，发现武陵酒醅在堆积和入池白酒发酵过程中，酵母和细菌占绝对优势。大曲培养过程中，细菌占绝对优势，其次是放线菌，霉菌最少。酵母菌在大曲培养初期继续生长繁殖，但后来随曲温上升而逐渐消失。1992 年，李佑红等对浓香型与酱香型酒曲的细菌区系构成进行了比较研究[12]，发现就细菌总数而言，一般浓香型酒曲的细菌总数多于酱香型酒曲；而就芽孢细菌数而言，一般酱香型酒曲又多于浓香型酒曲。酱香型酒曲菌群构成以高温嗜热菌为主，浓香型酒曲菌群则以常温菌为主。1999 年，周恒刚研究了酱香型白酒生产的堆积过程中微生物消长情况[13]，发现堆积终了时，菌数大量增加，种类也有明显增加。从不同轮次的堆积上看，生沙时菌数少，糙沙时酵母菌数猛增。堆积中酵母菌数随轮次不断下降。2007 年，唐玉明等研究了酱香型酒糟醅堆积过程中微生物区系的变化动态[14]，发现堆积过程中糟醅的酵母菌类和非芽孢细菌类数量有较大幅度增长，芽孢细菌类仅略有增长，而霉菌类数量极少且呈下降趋势，未发现放线菌类生长。堆积终了时，酵母和细菌数量占总数的 95% 以上，表层酵母菌占总数的 70% 以上，细菌占总数的 10% ~ 25%。同年，杨代永等发现在茅台高温大曲制曲发酵过程中微生物呈现出不同的消长规律[7]。前期以细菌为主，中后期霉菌数量大幅度增多，在前期和后期酵母偶有发现。发酵过程中的微生物总数以细菌最多，高达 2.1×10^7 cfμ/g 曲；霉菌次之，为 6.4×10^6 cfμ/g 曲；酵母最少，仅有 6.6×10^4 cfμ/g 曲。2008 年，Changlu Wang 等考察了酱香型大曲中的微生物群落的组成[15]，结果表明，大曲中存在细菌、霉菌和酵母菌。细菌类包含芽孢杆菌、醋酸菌、乳酸菌、梭菌，其中芽孢杆菌为优势菌。霉菌包含曲霉、毛霉、根霉、木霉。酵母菌类包含酵母菌属、汉逊酵母属、假丝酵母属、毕赤酵母属和有孢圆酵母属。同时还检测了茅台大曲不同层次之间及发酵过程中微生物菌群的动态变化。从大曲层次来看，好氧性细菌多分布在大曲表面和边缘，嗜温性细菌多存在于曲心。大曲发酵前 5 天，细菌、酵母、霉菌的数量均显著增加，从第 10 天开始下降。酵母菌数在第 10 天达到最大值，为 58.3 cfμ/g，随后被霉菌取代，霉菌成为发酵中后期的优势菌群。陈林等考察了武陵酱香型白酒酒曲及发酵酒醅、窖泥中微生物群落结构[16]，结果表明，微生物总量大小依次为：酒曲＞堆积酒醅＞发酵酒醅。发酵酒醅各阶层微生物总量依次为：酵底泥＞上层酒醅＞中层酒醅＞下层酒醅（CFU）；上层酒醅中酵母＞真菌＞细菌；中层酒醅中细菌＞真菌＞酵母；下层酒醅中酵母含量最低，细菌和真菌数量基本一致。

2013 年，杜新勇等考察了北方酱香型白酒生产过程中微生物及温度变化规律[17]，发现堆积过程中酒醅中微生物数量增长较快，酵母富集能力要比细菌强，同一位置酵母数量一般多于细菌。入窖后，细菌的数量反而比酵母略多，在入窖发酵过程中细菌和酵母的数量都是在减少的，前 10 d 微生物数量减少的幅度较大，10 d 以后减少幅度变小。

1.1.3 应用于功能菌研究

对酿造过程中功能菌的研究，不仅有助于揭示酱香型白酒酱香风味的形成机制，同时也可为改良生产工艺、提高酒体品质提供一定的依据和思路。20 世纪 80 年代，研究人员就从茅台微生物中分离出了产酱香较好的 6 株细菌和 7 株酵母菌，并试制推广了麸曲酱香白酒。1997 年，李贤柏等从郎酒高温大曲分离的 28 株微生物中筛选出了产酱香较好的 4 株芽孢杆菌[18]，经鉴定均属枯草芽孢杆菌群。2001—2003 年，茅台技术中心从酒醅中分离得到微生物 85 种，其中至少有 3 种芽孢细菌、2 种酵母是产香和产酒的主要功能菌株，它们对茅台酒制酒发酵过程中乙醇、"1，2-丙二醇"、丙三醇等 76 种香气香味成分的形成有重要作用[6]。2002 年，赵希玉等用从茅台酒酿造微生物中分离出的 6 株产酱香细菌制作强化大曲[19]，提高了高温大曲质量，经发酵所产生的酒也好于不添加功能菌大曲酿出的酒。此法弥补了一些北方微生物群系不足的缺陷，为北方酱香酒生产提供了可试验的依据。2003 年，庄名扬等从酱香型白酒高温堆积糟醅中分离获得数十株耐温、耐酸酵母菌株[20]，其中 Y1、Y5-1、Y5-2、Y6-1 为主要功能菌，可影响酱香酒的产质量。同年，庄名杨等又从酱香高温大曲中分离出 3 类细菌（B1、B3、CH）[21]，其中只有 B3 类菌株产生酱香，因此确认 B3 类菌株为主要功能菌，归属于地衣芽孢杆菌。2007 年，马荣山等从麸曲酱香型白酒酒醅中分离出 5 株酶活力高、发酵力强的酵母菌[22]。将这 5 株菌作为酱香酒曲的发酵菌种，在最佳工艺条件下酿造的酒清亮透明，酱香突出。2007 年，任道群等从酱香型酒糟醅中分离出 63 株酵母并选育出了 5 株发酵力较强的菌株[23]，其中 2 株为耐酒精酵母 5S26 和 5S32，1 株为耐温酵母 5S4。5S32 酵母在主要酿酒原料糖化液中均有较强的发酵力，是一株对酿酒原料适应性强的优良酵母。2009 年，张荣等从郎酒高温大曲中筛选到 3 株菌落形态各异的产酱香香气的细菌[24]，3 株菌株经鉴定为地衣芽孢杆菌（Bacillus licheniformis）。2010 年，罗建超等从高温大曲制作过程的不同环节筛选出 25 株产酱香功能芽孢杆菌[25]，所有产香菌均能产生大量酶类，如淀粉酶、蛋白酶，能将甘油转化为二羟丙酮，分解多种糖产酸，由此推测出芽孢杆菌产香的可能机制。林芬等从酱香型酒的酒曲、酒糟、窖泥中分离出 24 株产酱香优良的细菌及 16 株产酱香较好的细菌[26]，它们都有较高的产蛋白酶能力，由此推断出蛋白酶是产酱香的必要条件之一。此外，从获得的产酱香细菌筛选得到 1 株高产纤溶酶菌株 GZJS-2，初步鉴定为枯草芽孢杆菌。2011 年，杨涛等从酱香型白酒大曲、酒醅和窖泥中分别分离得到 5 株嗜热芽孢杆菌、3 株酵母菌、1 组复合产酸菌并将它们应用于酱香白酒生产[9]。他们还发现运用 5 株嗜热芽孢杆菌在制曲时添加到所制得的强化高温大曲中，蛋白酶活力明显提高，曲香馥郁；运用嗜热芽孢杆菌、酵母菌与曲药、糟醅混合堆积，糟醅复合酱香明显；运用复合产酸菌培养窖底泥，窖底香基酒比例升高，酒体中各种酸及相应的乙酯含量均显著提高。2012 年，袁先铃等从酱香型大曲中分离得到 3 株产蛋白酶产生菌，其中 1 株蛋白酶活力达 1162.4 M/g 醅，经鉴定为枯草芽孢杆菌[27]。2011 年，杨国华等从茅台酱香高温大曲中分离了 1 株产酱香风味好且蛋白酶活力高的细菌 HMZ-D[28]，该菌株在最优发酵产酶条件下的蛋白酶酶活为 2901.3 M/g 醅。2012 年，张应莲等从酱香型酒大曲中分离得到 1 株白地霉 MTBD，优化了其产蛋白酶的固态发酵条件[29]，在最佳条件下酶活力可达 4827.05 M/g 醅。2012 年，徐超英等从酱香型白酒堆积发酵糟醅中筛选出 1 株耐高温酵母菌[30]。该菌耐乙醇能力为 6 %vol，发酵力为 6.628 g/50 mL，生长耐受最高温度为 45 ℃。2013 年，周靖等从酱香型白酒生产用大曲中分离筛选出 1 株糖化力和酯化力都较高的红曲霉菌株 MZ-1，该菌对产酒和产香都有一定的作用。

1.2 分子生物学技术

常规微生物学研究方法仅仅局限于可培养的酿酒微生物，然而在酿酒过程中，可培养的微生物菌群仅为总菌群的很少一部分。因此，不能全面地了解白酒酿造系统中微生物的种类及数量，限制了对酿酒微生物的研究[31]。而分子生物学技术避开了传统微生物培养分析的环节，通过分析微生物的核酸片段，从基因水平就能对样品中微生物进行定性和定量。目前，分子生物学技术已经逐步应用于酿酒微生物的研究。

2010 年，高亦豹等利用 PCR-DGGE 技术对 5 种中国白酒高温和中温大曲的细菌群落结构进行了分析[32]，发现酱曲多样性指数最低，与其他工艺大曲在细菌群落结构上存在明显差异。其中，Thermoactinomyces sanguinis 仅存在于高温曲酱曲中。此外，还检测到了传统方法未能分离鉴定的木糖葡萄球菌（Staphylococcus xylosus）、产酸克雷伯菌 (Klebsiella oxytoca)。2012 年，边名鸿等采用 ARDRA 免培养手段研究酱香型郎酒窖池底部窖泥中的古菌群落结

191

构[33]。克隆文库分析结果表明，窖泥中古菌主要分布于广古菌门中的甲烷袋状菌属（Methanoculleus）、甲烷八叠球菌属（Methanosarcina）、甲烷鬃毛菌属（Methanosaeta）和甲烷杆菌属(Methanobacterium)，分别占44％、41％、3％和9％。陈林等采用PCR-DGGE方法研究了酱香型白酒酒醅在不同发酵阶段的微生物群落结构变化[16]，发现随着发酵时间的延长，酒醅细菌多样性逐渐减少。实验所分析的14种酒醅细菌群落中除了不可培养细菌外，其他主要属于厚壁菌门（Firmicutes），包括乳杆菌目（Lactobacillales）的乳杆菌科（Lactobacillaceae）、芽孢杆菌目（Bacillales）的芽孢杆菌科（Bacillaceae）等类群中，乳杆菌目占绝对优势。颜春林通过PCR-DGGE技术分析福矛高温大曲储存过程中的细菌群落结构动态变化[34]。结果表明，大曲中原核微生物多样性丰富，以芽孢杆菌类数量最多且具有种类和遗传多样性；高温大曲在储存过程中微生物多样性减少；在同一储存时期，大曲不同部位的细菌群落也有差异[34]。刘效毅等采用传统分离培养方法和现代分子生物学方法，对酱香型白酒高温大曲中微生物的多样性进行了研究[35]，共分离出147株微生物，细菌占97株（87株为芽孢杆菌），霉菌占50株。细菌共鉴定出12个种类，包括解淀粉芽孢杆菌、坚强芽孢杆菌、腐生葡萄球菌、表藤黄微球菌等。霉菌中共鉴定出12个种类，包括交链孢霉、茎点霉菌、红曲霉等。谭映月等利用PCRDGGE技术研究酱香型白酒制曲过程中的细菌菌群结构及其消长规律[36]。结果表明，母曲、翻仓曲和出仓曲的菌群结构存在明显差异。随着曲药的发酵，细菌多样性下降，优势菌群变化明显，其中芽孢杆菌属（Bacillus）和乳酸杆菌属（Lactobacillus）在不同酒曲样品中同时存在，也成为制曲后期的绝对优势菌，对形成浓郁的酱香风味有重要作用。另外，研究还发现了在白酒曲药中未曾报道过的丙酸杆菌属（Propionibacterium）、棒状杆菌属（Corynebacterium）和鞘氨醇单胞菌属中的Sphingomonas yabuuchiae等细菌。孙剑秋等基于26S rDNA D1/D2序列分析了不同发酵阶段的酱香型白酒北大仓酒醅中酵母菌的群落结构[37]。酒醅内的酵母菌鉴定为8属13种，总体多样性指数较高，发酵初期多样性指数逐渐增加，第5天达到最高（1.89），随后逐渐下降，第11天时降至最低（0.66）。不同发酵阶段的酒醅中酵母菌种类的组成和分布总体来说比较接近，说明在白酒酿造过程中酵母菌的组成和分布处于一个相对稳定的状态。

1.3 机械化、自动化技术

机械化、自动化技术在白酒生产过程中的应用极大地提高了白酒生产效率，降低了人工劳动强度，推动了白酒行业向工业化、现代化方向发展。经过几十年的技术研发与改造，目前，酱香型白酒生产中的部分环节已经实现了机械化、自动化。例如：原材料的运输和处理采用输送机、提升机、去石机、振动筛、永磁滚筒等机械设备完成；原料和成曲的粉碎用粉碎机代替人工粉碎；用挖斗实现了酒醅出池的机械化；用行车代替推车实现酒醅的出入池输送；用不锈钢活动甑代替过去的天锅；采用打糟机碎糟；输酒用管道、酒泵自动输送；水处理和酒的净化除浊全套采用机械化、自动化设备；包装环节也在洗瓶、装瓶、贴标、装箱、打包和入库管理等工序上实现了机械化、自动化[38]。

此外，1967 年，茅台酒厂开始使用机器制曲代替人工拌料和踩曲，由于当时机械曲的质量和人工曲仍有差距，于 1989 年又开始恢复人工踩曲。但从长远来看，制曲必然向着机械化、自动化的方向发展。茅台集团的陈贵林等联合有关单位、机构研制出了第三代制曲机，所制出的曲在外形、松紧度、提浆等方面与人工生产的曲块能达到大致或完全一致的效果[39]。在勾兑技术方面，机械化、自动化勾兑工艺正在形成。谭绍利等将自动化大容器勾兑系统用于茅台酒的勾兑[40]，首次将脉冲气动调和系统与片式过滤设备综合应用于白酒勾兑工艺。该系统提高了白酒生产的自动化水平，使基酒利用率提高，勾兑批次差异缩小。

1.4 计算机勾兑技术

20 世纪 80 年代，计算机技术被引入应用到传统的酿酒工业，开创出白酒计算机勾兑新技术。90 年代，精密分析仪器（气相色谱）和电子技术的应用，促进了该技术的发展。采用计算机勾兑技术代替人工勾兑，不仅可以克服人工勾兑的不稳定性，稳定酒的质量，还便于多批次、多年次基础数据的储存与比较，提高生产效率，缩短劳动时间。计算机勾兑技术已经在酱香型白酒中有所

第二部分　酱香酒的酿造和科研

193

研究和应用。如茅台公司早在 80 年代中期就曾两度尝试将计算机勾兑技术应用于茅台酒勾兑过程。但由于酱香型白酒香气组成成分极为复杂，单纯靠计算机勾兑出来的酒或多或少存在着某些感官特征上的缺陷。因此，目前酱香型酒的勾兑要么还是人工勾兑，要么是采用人工勾兑和计算机辅助勾兑相结合的方式。如茅台的勾兑是先由勾酒师小样勾兑，成功后再进行微机大型勾兑。茅台酒是用计算机将勾兑中的味觉用数字化、标准化的形式固定下来，避免勾兑时由于人的味感改变而导致产品口感不稳定。

1.5 现代仪器分析检测技术

白酒的分析检测在白酒生产监控和质量控制等方面具有重要的作用和意义。相比传统的化学分析方法，现代仪器分析检测技术在白酒生产中的运用不仅提高了白酒成分检测的速度、效率及准确度，也极大地拓宽了被检成分的范畴，使原来用化学分析技术不能被检测到或不能准确检测的白酒成分得以检测分析。目前，应用于白酒检测的现代仪器分析技术有色谱分析及其联用技术、光谱分析技术及其他一些新型现代分析技术[41]。色谱分析及其联用技术主要包括气相色谱（GC，是白酒分析中运用最多的分析技术）、气相色谱 – 质谱联用（GC-MS）等。光谱分析技术主要有原子吸收光谱法、紫外 – 可见光谱法、近红外光谱法等。其他的新分析技术有电感耦合等离子质谱（ICP-MS）、电子鼻、电子舌技术等。

从检测方面来看，现代仪器分析技术在酱香型白酒中可应用于：

①原辅料及产品质量检测：如己酸乙酯等酯类的测定采用气相色谱法；杂醇油的测定采用气相色谱或分光光度法；甲醇的测定采用分光光度法；铅、锰等金属元素测定用原子吸收光谱法；粮食原料中黄曲霉毒素测定用免疫亲和层析净化 – 高效液相色谱法 / 荧光光度法测定；农药残留的测定采用气相色谱法等。

②风味物质鉴定与分析：1982 年，日本人采用气相色谱与质谱联用剖析出了茅台酒中 168 种香气成分，其中醛醇类 27 种，酸类 25 种，酯类 45 种，羰

基类 29 种，酚类 9 种，含氮类 33 种。2007 年，Zhu 等应用二维气相色谱 / 飞行时间质谱法（GC×GC/TOFMS）对茅台酒的特征香气物质进行了分析[42]，结果鉴定出的香气成分物质有 528 种，包括有机酸、醇类、酯类、酮类、乙醛、缩醛、内酯、含氮化合物、含硫化合物等。此外，茅台酒厂也采用 GC×GC/TOFMS 技术从茅台酒中检测出 963 个峰，定性出 873 个组分，其中酸类 85 种、酯类 380 种、醇类 155 种、酮类 96 种、醛类 73 种、N 类 36 种、其他 48 种。在相同条件下，酱香型白酒分出 963 个峰，浓香型白酒分出 674 个峰，清香型白酒分出 484 个峰，说明酱香型白酒的微量成分组成最丰富[43]。2010 年，Fan 等通过搅拌棒吸附萃取（SBSE）和 GC-MS，定量了酱香型郎酒中 76 种香气化合物[44]；2012 年，Fan 等应用气相色谱 – 闻香法（GC-O）和 GC-MS 在酱香型茅台酒与郎酒中检测到 186 种香气活性物质，发现重要的风味化合物是己酸乙酯、己酸、3- 甲基丁酸、3- 甲基丁醇、2，3，5，6- 四甲基吡嗪、2- 苯乙酸乙酯、乙酸 -2- 苯乙酯、3- 苯丙酸乙酯、4- 甲基愈创木酚和 γ – 癸内酯等[45]；同时发现大量的吡嗪类化合物对风味有明显贡献。同年，王道平等以 GC-MS 对习酒的香气成分进行定性分析，结果发现，酱香习酒的芳香物质主要分为两类：一是由低沸点的醇、酯、醛类组成，起呈香作用；二是由高沸点的酸性物质组成，是空杯留香的构成物质[46]。其中，低沸点的醇、酯、醛类成分含量占 90 % 以上。2013 年，王晓欣等应用 GC-O 和 GC-MS 分析了酱香型习酒中挥发性香气成分[47]，共检测出 72 种香气化合物，主要的香气物质是酯类、醇类、挥发性有机酸、呋喃类、芳香族类、酚类、醛酮类、吡嗪类以及含硫化合物等。香气强度较大的物质有丁酸乙酯、己酸乙酯、1- 丙醇、3- 甲基丁醇、乙酸、3- 甲基丁酸、糠醛、四甲基吡嗪和二甲基三硫，这些物质对酱香型习酒的风味贡献较大。

③构建指纹图谱：建立指纹图谱能较为全面地反映酒中所含化学成分的种类与数量，进而对其质量进行整体描述和评价，也可以作为鉴别白酒真伪优劣的依据。2006 年，李长文等运用红外光谱技术分别获得茅台、郎酒、金土力 3

195

种酱香型白酒的三级红外宏观指纹图谱[48]，证实了用三级红外宏观指纹图谱法鉴别区分同类型白酒是直接、快速和有效的。2008年，郑岩等用GC-MS技术建立了茅台酒的共有指纹图谱[49]，所建图谱不仅具有多成分同时定性的优势，而且有较好的重现性、精密度和稳定性，能够有效地应用于茅台酒的质量控制及真伪辨别。2010年，孙其然等也建立茅台酒的GC-MS指纹图谱，确认了35种共有特征组分[50]，通过酒的特征组分比较和基于"夹角余弦法"的指纹图谱相似度分析，可以区分贵州茅台酒和其他不同酒精度、不同香型的白酒。

④其他：除了以上的应用外，现代仪器分析技术在酱香酒中还有很多应用，比如用于白酒勾兑、大曲与酒醅中组成分析、酱香型白酒健康因子研究、新型白酒分析技术的开发等[51]。

1.6 其他现代科学技术

除了以上提及的科学技术以外，还有很多现代科技在酱香型白酒的研究和生产中得以应用。如以下几个方面：

①防伪技术：防伪技术的应用对白酒产业的持续、健康发展有保驾护航的作用。常见的白酒防伪技术有条码防伪技术、激光全息防伪技术、油墨技术、电码防伪技术、酒瓶结构防伪技术、纹理防伪技术等。目前，茅台采用全新RFID（射频识别）防伪技术，消费者利用随身携带具有NFC功能的手机，即可对茅台酒进行防伪验证及溯源。

②催陈技术：新酿造的白酒需要经过储存才能消除杂味，使口感醇厚、口味协调。然而自然老熟周期长、储存设备投资大。因此，采用催陈技术来加速白酒的老熟已成为白酒行业的重要研究课题。白酒的人工催陈技术有红外线照射法、激光催陈法、γ-射线辐射法、微波催陈法、超声波振荡法、磁处理法、催化剂催陈法、超高压射流催陈法、高电压脉冲电场催陈法、毛细管超滤膜催陈法、纳米工艺处理技术催陈等[52]。目前，酱香型白酒的人工催陈已有研究报道。1987年，冯荣琼等采用电晕法处理酱香型白酒，结果发现，新酒

经电晕法处理几个小时后，能与储存期 1 年的同类酒相媲美[53]。经电晕法处理后的酒，总酸降低，减少了酒中的冲辣味；高级醇降低，减少了苦涩味，说明电晕法对加速白酒老熟有一定效果。2012 年，申圣丹等研究了超高压射流技术对酱香型白酒的催陈作用[54]，结果发现，该技术对白酒的催陈作用显著。随着压力的上升，总酸、电导率、乳酸乙酯增加，异戊醇／异丁醇在适宜范围内稍有上升，乙酸乙酯、丁酸乙酯、己酸乙酯减少，基本与自然存放趋势一致。此外，超高压 50 ~ 200 MPa 条件下处理酱香型白酒，效果较佳，200 MPa 时酒样色泽微黄透明，相当于自然存放 6 个月时的色泽。

③农业技术：作为酱香型白酒的生产原料，高粱、小麦的品种和质量对酱香型白酒的风味品质有直接影响，通过良种选育技术获得高产、优质原料新品种，可以进一步提高酒的产量及质量，促进酱香型白酒的生产。2007 年，彭秋等以贵州省当地农家高粱为主要原料，经过 3 代系统选育后选出相对稳定的 9 个新品系 GS1 ~ GS9[55]。其中，GS8 淀粉含量为 63.2 %，支链淀粉含量 95.4 %；GS6 淀粉含量为 63.4 %，支链淀粉含量 89.6 %，均符合茅台酒用高粱原料指标，可用于酱香型白酒生产。

此外，仁怀市丰源有机高粱育种中心用本地传统高粱品种小红缨子与特矮秆杂交选育得到"红缨子"高粱新品种，具有抗病虫、产量高、耐蒸煮、支链淀粉含量高（ 90%）、出酒率高等优良特性，是目前茅台集团酿酒公司唯一指定的有机高粱酿造原料。

2 酱香型白酒科学研究与技术发展热点

由于酱香型白酒整个酿造体系的复杂性，至今仍有很多核心的理论与技术问题未解决，制约了酱香型白酒理论研究和生产的深入发展。因此，还须进一步加大科学研究与技术创新力度，如以下几个方面：

①发酵过程机理的揭示。深入、全面地研究和揭示发酵过程的机理是今后酱香型白酒理论研究的重点和难点。包括研究酱香产生所必需的微生物及其在酱酒生产中所起的作用；产酱香微生物在发酵培养过程中的合成代谢机制；

特定生化代谢反应与曲酒风格和质量变化的相关性；发酵过程中的各种物质变化与多种酶学反应的相关性等。

②风味物质及其形成机制研究。运用现代分析技术，全面剖析酱香型白酒中的呈香呈味物质，找出酱香风味的本质特征；研究风味成分之间的量比关系及其对白酒质量和风味的影响；研究特征风味成分的产生途径及影响机制等。

③酿酒微生物资源化利用与开发。酱香型酒高温曲、酒醅等均是巨大的微生物资源库，从中可发现并发掘出很多工业微生物有效菌株。比如从大曲中分离筛选功能微生物，通过强化制曲方式提高大曲的生化性能；从糟醅中筛选出高耐性、高产乙醇酵母菌用于酒精的大规模工业化生产等。

④生产工艺改造与创新。酱香型白酒传统生产工艺复杂，周期长，成本高。对传统生产工艺进行技术优化与改造，以期达到提高出酒率、缩短生产周期、减少原材料或能源消耗、降低生产成本、提高酒质等目的，是酱香型白酒生产的一个重要研究方向[56–57]。

⑤原料选育与栽培技术研究。开展酒用的优质、高产的高粱和小麦等有机原料的育种、规范化栽培与病虫害生物防治技术研究；研究完善种植基地自然环境条件主要控制指标体系等。

⑥机械化、自动化生产及监控技术的开发。目前酱香型白酒生产的机械化、自动化程度仍处于较低水平，因此，还应继续开发机械化、自动化生产及监控技术以降低劳动强度和稳定产品质量。如开发出机械培曲设备、人工智能装甑设备；开发可自动监测和控制曲坯仓内发酵过程的计算机监控系统；开发具有基酒和成品酒分析数据管理、酒库管理、酒体辅助设计与勾兑等功能的计算机管理与控制系统等。

除了以上几点，对酱香型白酒今后的科学研究与技术发展热点还有：酱香型白酒健康因子与代谢途径关系研究，白酒原产地域和酒类保真技术开发，白酒储存与勾兑工艺技术开发，人工催陈技术研究开发，生产过程中副产物的资源化利用,酿造清洁生产与循环经济关键技术研究等[58]。

3 总结

现代科学技术在酱香型白酒生产中的应用推动了该产业的发展与进步,使酱香型白酒的生产和科研无论是在技术水平还是理论水平上都取得了长足的进步。然而,至今仍有很多生产上的技术问题和科研上的核心理论问题未解决。因此,酱香型白酒企业在秉承传统工艺的基础上,还要继续加大科学技术应用与创新力度,实现对生产工艺和质量控制核心理论与技术的突破,并大胆探索生产的新技术、新工艺、新方法,提高产品的科技含量,以提高酱香型白酒行业的核心竞争力,并推动酱香型白酒产业持续、健康发展。

参考文献

[1]姜萤.科学技术对传统白酒产业科技创新发展的推动作用[J].酿酒科技,2010(5):109-112.

[2]姜萤,黄永光,黄平,等.贵州传统酱香白酒产业科技创新与产业集群发展研究[J].酿酒科技,2011(5):42-45.

[3]刘晓光,谢和,屈直.酱香型白酒风味物质的形成与微生物关系的研究现状与进展[J].贵州农业科学,2007,35(2):131-134.

[4]李明,沈才洪,张洪远,等.降低酱香型白酒大曲用量的方法研究(Ⅰ):加入高效培菌糟[J].酿酒科技,2013(6):22-25.

[5]王旭亮,王德良,韩兴林,等.白酒微生物研究与应用现状[J].酿酒科技,2009(6):88-91.

[6]范光先,王和玉,崔同弼,等.茅台酒生产过程中的微生物研究进展[J].酿酒科技,2006(10):75-77.

[7]杨代永,范光先,汪地强,等.高温大曲中的微生物研究[J].酿酒科技,2007(5):37-41.

[8]武晋海,于亮,王昌禄,等.茅台酒大曲中3株耐高温霉菌的分离纯

化及鉴定〔J〕.酿酒科技,2007(3):17-19.

〔9〕杨涛,梁明锋,李国友,等.微生物技术在酱香型白酒生产中的应用研究〔J〕.酿酒科技,2011(4):20-24.

〔10〕刘雯雯.酱香型白酒酒醅中真菌资源与多样性的研究〔D〕.齐齐哈尔:齐齐哈尔大学,2012.

〔11〕崔福来,王振羽,王凤侠,等.酒醅及大曲微生物分离报告〔J〕.酿酒科技,1981(2):13-19.

〔12〕李佑红,吴衍庸.四川浓香型与酱香型酒曲细菌区系构成的比较研究〔J〕.微生物学通报,1992,19(4):211-214.

〔13〕周恒刚.酱香型白酒生产工艺的堆积〔J〕.酿酒科技,1999(1):15-17.

〔14〕唐玉明,任道群,姚万春,等.酱香型酒糟醅堆积过程温度和微生物区系变化及其规律性〔J〕.酿酒科技,2007(5):54-58.

〔15〕Changlu Wang, Dongjian Shi, Guoli Gong, Microorganisms in Daqu: a Starter Culture of Chinese Maotai-flavor Liquor〔J〕.*World J Microbiol Biotechnol*, 2008(24):2183-2190.

〔16〕陈林.酱香型白酒发酵过程中微生物群落结构分析〔D〕.北京:北京林业大学,2012.

〔17〕杜新勇,范志勇,赵殿臣,等.北方酱香型白酒生产过程微生物及温度变化规律分析〔J〕.酿酒科技,2013(5):51-55.

〔18〕李贤柏.郎酒高温大曲产酱香细菌的研究〔J〕.重庆师范学院学报,1997,14(4):20-23.

〔19〕赵希玉,赵丹,赵晔.应用纯种微生物提高大曲酱香酒质量工艺试验〔J〕.酿酒,2002,29(3):36-38.

〔20〕庄名扬,孙达孟.酱香型白酒高温堆积糟醅中酵母菌分离、选育及其

分类学鉴定［J］.酿酒，2003，30（2）：12-13.

［21］庄名扬，王仲文.酱香型高温大曲中功能菌 B3-1 菌株的分离、选育及其分类学鉴定［J］.酿酒科技，2003（3）：27-28.

［22］马荣山，刘婷，郭威.麸曲酱香酒醅中酵母菌的分离、筛选及应用［J］.酿酒科技，2008（1）：17-25.

［23］任道群，唐玉明，等.酱香型酒糟醅酵母菌的初步分类及选育［J］.酿酒，2007，34（6）：44-46.

［24］张荣.产酱香功能细菌的筛选及其特征风味化合物的研究［D］.无锡：江南大学，2009.

［25］罗建超，谢和.大曲中产酱香芽孢杆菌的筛选及其代谢产香探析［J］.酿酒科技，2012（5）：35-40.

［26］林芬，谢和.产酱香细菌中高活性纤溶酶菌株的筛选［J］.食品科学，2010，31（17）：258-262.

［27］袁先铃，黄丹，刘达玉，等.酱香型大曲中蛋白酶产生菌的分离鉴定及产酶条件研究［J］.中国酿造，2012，31（6）：34-37.

［28］杨国华，邱树毅，黄永光.酱香大曲中产香细菌发酵产蛋白酶的条件优化［J］.中国酿造，2011（12）：47-50.

［29］张应莲，黄永光，邱树毅.酱香大曲中白地霉产蛋白酶固态发酵条件及其优化［J］.中国酿造，2012，31（3）：35-38.

［30］徐超英，赖世强，徐厚禄，等.酱香型白酒糟醅中耐高温酵母菌的特性研究［J］.酿酒科技，2012（8）：38-40.

［31］陕小虎，敖宗华，沈才洪，等.中国固态白酒中酿酒微生物研究进展［C］// 经济发展方式转变与自主创新——第十二届中国科学技术协会年会（第三卷），2010.

［32］高亦豹，王海燕，徐岩.利用 PCR-DGGE 未培养技术对中国白

酒高温和中温大曲细菌群落结构的分析［J］.微生物学通报，2010，37（7）：999-1004.

［33］边名鸿，叶光斌，杨晓东，等.酱香型窖泥古菌群落结构的研究［J］.酿酒科技，2012（8）：51-53.

［34］颜春林.高温大曲的细菌菌群结构分析和酿酒功能菌的选育及强化大曲的研究［D］.福州：福建师范大学，2012.

［35］刘效毅，郭坤亮，辛玉华.高温大曲中微生物的分离与鉴定［J］.酿酒科技，2012（6）：52-55.

［36］谭映月，胡萍，谢和.应用PCR-DGGE技术分析酱香型白酒酒曲细菌多样性［J］.酿酒科技，2012（10）：107-111.

［37］孙剑秋，刘雯雯，臧威，等.基于26S rDNA D1/D2序列分析酱香型白酒酒醅中酵母菌的群落结构［J］.微生物学报，2012，52（10）：1290-1296.

［38］陈贵林，谭定康，王俊.新型包装生产线在茅台酒灌装中的应用［J］.酿酒科技，2011（8）：74-75.

［39］陈贵林.探索茅台酒制曲自动化实现途径［J］.酿酒科技，2011（4）：65-66.

［40］谭绍利，吕云怀.茅台酒大容器自动化控制勾兑技术应用研究［J］.酿酒科技，2010（5）：65-68.

［41］汪地强，严腊梅.白酒分析检测发展［J］.酿酒，2007，34（2）：28-32.

［42］Shukui Zhu，Xin Lu，Keliang Ji，et al.，Characterization of Flavor Compounds in Chinese Liquor Moutai by Comprehensive Two-dimensional Gas chromatography /time-of-flight Mass Spectrometry［J］.*Analytica Chimica Acta*，2007，597（2）：340-348.

［43］李克良，郭坤亮，朱书奎，等.全二维气相色谱／飞行时间质谱用于白酒微量成分的分析［J］.酿酒科技，2007（3）：100-102.

［44］Wenlai Fan，Haiyue Shen，Yan Xu，Quantification of Volatile Compounds in Chinese Soy Sauce Aroma Type Liquor by Stir Bar Sorptive Extraction and Gas Chromatography-mass Spectrometry［J］.*Journal of the Science of Food and Agriculture*，2011，91（7）：1187-1198.

［45］Wenlai Fan，Yan Xu，Michael C. Qian，Identification of Aroma Compounds in Chinese "Moutai" and "Langjiu" Liquors by Normal Phase Liquid Chromatography Fractionation Followed by Gas Chromatography/Olfactometry［M］.Qian M.C.，Shellhammer TH.Flavor Chemistry of Wine and Other Alcoholic Beverages.Washington，D.C.：American Chemical Society，2012：303-338.

［46］王道平，杨小生.几种习酒香气成分的分析［J］.酿酒科技，2012（10）：104-106.

［47］王晓欣，范文来，徐岩.应用 GC-O 和 GC-MS 分析酱香型习酒中挥发性香气成分［J］.食品与发酵工业，2013，39（5）：154-160.

［48］李长文，魏纪平，孙素琴，等.运用红外光谱技术鉴别酱香型白酒［J］.酿酒科技，2006（11）：56-58.

［49］郑岩，汤庆莉，吴天祥，等.GC-MS 法建立贵州茅台酒指纹图谱的研究［J］.中国酿造，2008（9）：74-76.

［50］孙其然，向平，沈保华，等.气相色谱-质谱指纹图谱在鉴别贵州茅台酒中的应用［J］.色谱，2010，28（9）：833-839.

［51］王莉，李竹赟.双波长测定高粱中支链淀粉比例［J］.酿酒科技，2002（3）：71-72.

［52］卢红梅，张百发，李大鹏.白酒人工催陈研究的科学方法［J］.酿酒科技，2013（5）：44-48.

［53］冯荣琼，丰斌.电晕法处理白酒加速老熟初探［J］.酿酒，1987（4）：47-48.

［54］申圣丹，王盛民，刘睿颖.超高压射流技术对白酒的催陈作用［J］.食品科技，2012，3（4）：83-85.

［55］彭秋，雷文权，何庆才，等.高粱新品系选育研究［J］.种子，2008（3）：85-86.

［56］李长江，张洪远，沈才洪，等.武陵酱香型白酒工艺创新——控制酱香大曲酒前3轮次出酒率工艺研究（Ⅱ）［J］.酿酒科技，2010（2）：68-70.

［57］杨大金，蒋英丽，邓皖玉，等.红花郎酒的工艺技术改进创新和质量控制［J］.酿酒科技，2007（3）：54-57.

［58］袁颉，邱树毅，彭正东，等.固态白酒生产酒糟的资源化利用研究进展［J］.酿酒科技，2012（5）：88-91.

酱香型白酒窖内发酵过程中酒醅理化指标与细菌的变化趋势研究

王晓丹 [1, 3, 4]，张小龙 [1, 3]，陈孟强 [2]，陆安谋 [2]，梁芳 [2]，邱树毅 [1, 4**]

【1.贵州省发酵工程与生物制药重点实验室，贵州贵阳 550025；2.贵州珍酒酿酒有限责任公司，贵州遵义 563003；3.贵州大学生命科学学院，贵州贵阳 550025；4.贵州大学酿酒与食品工程学院，贵州贵阳 550025；★企业横向课题"酿酒微生物分离纯化及功能微生物筛选"（700470002205）；★★通讯作者】

摘　要： 对贵州某酒厂的一个窖池进行了为期一年的跟踪实验，研究了酱香型大曲酒发酵过程中细菌数量和酒醅理化指标的动态变化过程。细菌与白酒品质有着密不可分的关系，且酒醅的理化指标与细菌数量之间有一定的相互联系。

关键词： 细菌；酱香型白酒；理化指标检测；糟醅

中国白酒是世界六大蒸馏酒之一。其中酱香型白酒在中国白酒中具有举足轻重的地位[1]。酱香型白酒的生产工艺的特点使得酱香型酒的微生物体系与我国其他名酒有所不同[2]。本实验通过对贵州某酒厂的酿造过程进行跟踪取样分析，对酱香型白酒酿造过程中窖内细菌数量变化及酒醅理化指标进行研究，寻找它们之间的相互关系，对酱香型大曲酒的实际生产有一定的指导意义。

1 材料与方法

1.1 实验窖池

实验窖池选取贵州珍酒酿酒有限公司异地茅台试验车间的一个窖池进行跟踪取样。取样时间为 2012 年 9 月至 2013 年 9 月。

205

1.2 取样

入窖发酵过程采样采用 3 点取样法，对酱香型白酒酿造工艺过程中的下沙、糙沙及 2~7 轮次酒入窖发酵结束时进行取样；分别对上层（20~50cm）、中层（140~180cm）和下层（240~270cm）进行取样，同区域取 3 点样进行混合平均；每组样品各取 3 个做对照；8 次取样共计 72 个样品。

1.3 细菌的培养计数

称取 10g 所取糟醅，置于含 90mL 无菌水的三角瓶中，加入玻璃珠，常温摇床 20r/min 振荡 20min 取滤液。

培养基：好氧细菌及兼性厌氧细菌用牛肉膏蛋白胨培养基。

培养条件：好氧细菌及兼性厌氧细菌 35℃倒置培养 1~2d。

计数方法：好氧细菌采用稀释平板菌落分离计数法，兼性厌氧细菌的培养采用厌氧培养箱培养。

1.4 糟醅理化指标的检测

水分测定方法：按照 GB 5009.3-2010:《食品中水分的测定》[3]中的直接干燥法测定。

酸度测定方法，标定：准确称取预先于 105℃烘至恒重的邻苯二甲酸氢钠 0.5g，置于 250mL 三角瓶中，加 50mL 水溶解后，再滴加 2 滴酚酞指示剂，用 0.1mol/L NaOH 标准溶液滴定至微红色，且 10s 不褪，记录其消耗体积。

$$CNAOH（mol/L）=m/（204.2 \times V）\times 1000$$

式中：m——称取邻苯二甲酸氢钠的质量，g；

204.2——称取邻苯二甲酸氢钠的摩尔质量，g/mol；

V——消耗的 NaOH 标准溶液的体积，mL。

测定步骤：称取相当于 20g 试样的样品量入 250mL 烧杯中，加入煮沸的蒸馏水至 200mL，用玻璃棒搅拌 0.5min，隔 5min 后再搅拌 0.5min，静置浸泡 30min，吸取上清液 20mL 于 250mL 三角瓶中，滴加 2 滴酚酞指示剂，用 0.1mol/L NaOH 标准溶液滴定至微红色 10s 不褪，记录消耗的 NaOH 标准溶液毫升数。

计算方法：A=M×V×5

式中：A——10g 酒醅中所含有的酸的毫摩尔数；

V——消耗的 NaOH 标准溶液的体积，mL；

M——NaOH 的摩尔浓度；

5——换算 10g 试样的系数。

还原糖测定方法：按照 GB/T 5009.7–2008:《食品中还原糖的测定》[4] 中的直接滴定法测定。

淀粉测定方法：按照 GB 5009.9–201X:《食品中淀粉的测定》[5] 中的酸水解法测定。

2 结果及讨论

2.1 细菌数量变化情况

窖池上层、中层和下层酒醅中好氧细菌数量变化如图 4–16 所示。酱香型大曲酒窖内发酵过程中好氧细菌数量基本在 10^6~10^7 波动变化。在下沙至 3 次酒过程中好氧细菌的数量随着发酵工艺的进行而逐渐增加，在 4~7 次酒的过程中细菌数量波动减少；在 2~5 次酒过程中好氧细菌数量较大，达到 10^7 左右。通过上层、中层和下层好氧细菌数量变化的对比，发现上层与中层好氧细菌数量变化整体呈现 M 形，在 3 次酒（中层为 2 次酒）和 5 次酒有两个峰而在 4 次酒时数量明显下降；上层好氧细菌数量变化整体呈 Λ 形，在 3 次酒时数量最高，达到 $1.4×10^7$；窖池上层和下层细菌数量要高于中层的细菌数量。

窖池上层、中层和下层酒醅中兼性厌氧细菌数量变化如图 4–17 所示。酱香型大曲酒酿造过程中兼性厌氧细菌数量在（$1×10^6$）~（$9×10^6$）波动变化；各层兼性厌氧细菌数量变化趋势相似都呈现 M 形，有两个峰。通过上层、中层和下层好氧细菌数量变化的对比发现，窖池上层兼性厌氧细菌在下沙至 3 次酒过程中细菌数量逐渐增加并在 3 次酒时达到第一个峰值，在 4 次酒时菌数有所下降，但在 5 次酒时数量明显增加到最大值 $9×10^6$ 左右；窖池中层则是在下沙至 2 次酒期间逐渐增加，在 2 次酒时菌数最高，达到 $8×10^6$ 左右，3 次酒与4次酒时细菌数量减少，在5次酒时又有所回升，达到第二个峰值，随后菌数逐渐减少；窖池下层菌数变化相似，分别在2次酒与4次酒时出现两个峰值，最高达到 7×10^6 左右，在3次酒时细菌数略有减少。

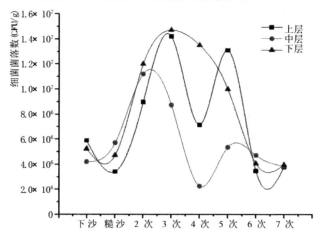

图 4-16 酱香型大曲酒窖内发酵过程中好氧细菌数量变化

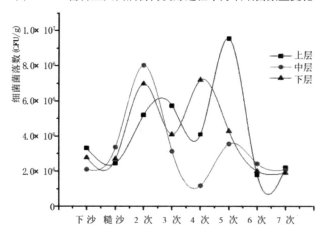

图 4-17 酱香型大曲酒窖内发酵过程中兼性厌氧细菌数量变化

2.2 酒醅理化指标变化情况

2.2.1 水分变化分析

从图4-18可以看出，酱香型白酒酒醅水分含量在40%~56%，水分含量较高。上层酒醅与下层酒醅水分含量变化呈 Λ 形，上层在3次酒时水分含量最高，达到53%左右，下层在4次酒时水分含量最高，达到56%左右；中层酒醅水分含量呈现递减趋势，随着工艺流程的进行，酒醅中水分含量波动下降。

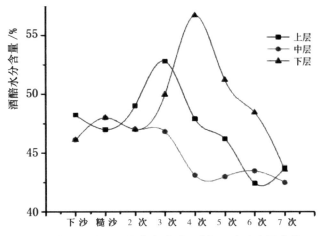

图4-18 酱香型大曲酒窖内发酵过程中酒醅水分含量变化

2.2.2 酸度变化分析

酱香型大曲酒窖池上、中和下层酒醅酸度变化如图4-19所示。上层和中层酸度变化较大，且在糙沙阶段酸度较大，分别为3.7mmol/g（上层）和4.0mmol/g（中层）；下层酸度变化波动较小，在3.2～4.0mmol/g之间波动变化；通过上层、中层和下层酒醅酸度对比发现，酒醅酸度下层＞中层＞上层。

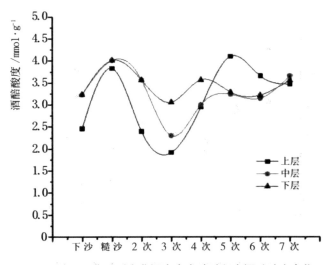

图4-19　酱香型大曲酒窖内发酵过程中酒醅酸度变化

2.2.3 酒醅还原糖含量变化分析

从图4-20可以看出，酒醅中还原糖变化趋势为下沙至糙沙阶段还原糖含量增加，随后波动下降且7次酒时还原糖含量最低；窖池上层与下层酒醅的还

第
二
部
分

酱
香
酒
的
酿
造
和
科
研

原糖含量要高于中层酒醅。

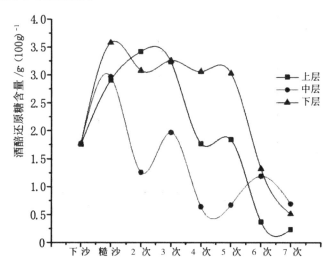

图4-20 酱香型大曲酒窖内发酵过程中酒醅还原糖含量的变化

2.2.4 酒醅淀粉含量变化分析

通过图4-21可以发现，在酱香型大曲酒酿造过程中酒醅淀粉含量是逐渐减少的；下沙和糙沙时，窖池上层与中层酒醅中淀粉含量要高于下层；在7次酒时，窖池各层酒醅淀粉含量均达到最低，约为7.5g/100g。

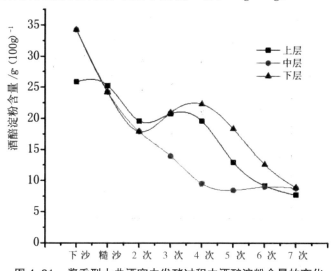

图4-21 酱香型大曲酒窖内发酵过程中酒醅淀粉含量的变化

3 结论

3.1 酱香型大曲酒酿造过程中细菌起了非常重要的作用。在3次酒至5次酒过程中窖池各层的好氧细菌和兼性厌氧细菌数量均较高，这与酱香型白酒大回酒（3~5 轮次酒）产量高、质量好有着密不可分的联系[6]。

3.2 白酒酿造过程中，微生物将酒醅中的淀粉分解，导致了淀粉的含量递减的结果；微生物先将淀粉转化为还原糖，然后利用还原糖进行增殖与发酵作用，这导致了酒醅中还原糖含量先升高后降低的结果。

3.3 细菌数量的多少与酒醅中还原糖的含量关系密切。还原糖含量高，细菌数量就多；还原糖含量少，细菌数量也随之减少。窖池上层与下层酒醅还原糖含量高于中层，因而上层与下层的细菌数量也比中层多。

3.4 酒醅的酸度对细菌的生长繁殖有一定的影响。细菌数量变化与酸度含量变化有一定的相似性，都呈 M 形，且在第 3 轮次酒时酸度含量较低，细菌数量较多，第 7 轮次酒酸度较高，细菌数量较少。

参考文献

［1］沈怡方.白酒生产技术全书［M］.北京：中国轻工业出版社，2007：49-111.

［2］胡永松，王忠彦，邓小晨，等.对酿酒工业生态及其发展的思考（提要）［J］.酿酒科技，2000（1）：22-23.

［3］GB 5009.3-2010，食品中水分的测定［S］.

［4］GB/T 5009.7-2008，食品中还原糖的测定［S］.

［5］GB 5009.9-201X，食品中淀粉的测定［S］.

［6］余乾伟.传统白酒酿造技术［M］.北京：中国轻工业出版社，2013：7.

（本文发表于《酿酒》2013 年第 41 卷第 3 期）

酱香型白酒堆积过程中酵母变化趋势研究

王晓丹[1, 5, 4]，庞博[1, 4]，陆安谋[2]，陈孟强[2]，梁芳[2]，邱树毅[1, 4*]

【1.贵州省发酵工程与生物制药重点实验室，贵阳 550025；2.贵州珍酒酿酒有限责任公司，遵义 563003；3.贵州大学生命科学学院，贵阳 550025；4.贵州大学酿酒与食品工程学院，贵阳 550025；★通讯作者。
基金项目：科技部科技支撑计划项目课题"高品质白酒清洁酿造与工农产业连接关键技术及示范"（2011BAC06B12），企业横向课题"酿酒微生物分离纯化及功能微生物筛选"（700470002205）】

摘　要：以异地茅台珍酒厂的 3 个典型车间——新、老车间及异地茅台旧址车间的堆积前、堆积后酒醅为研究对象，对酱香型白酒整个生产堆积过程中的酵母变化趋势进行研究，在堆积的 40 多个小时中酵母数量可快速增长 2~3 个数量级，为入窖发酵的酒醅提供产酒保障，但 3 个不同车间之间酵母数量及种类差异不明显[5]，通过 WL 培养基将分离的酵母归为 5 大属：酿酒酵母、毕赤氏酵母、假丝酵母、伊萨酵母及红酵母属。

关键词：酒醅；堆积；酵母；变化趋势；酱香型白酒

在白酒发酵过程中，酵母菌的种群构成及变化对白酒的风味和品质有重要影响，尤其是天然酵母的存在对白酒特色的形成极为重要[1]，堆积发酵是酱香型白酒生产过程中的重要过程，这一过程能够使酱香型白酒大曲中的酵母大量繁殖，同时可以网罗空气中的酵母。因此，研究酱香型白酒生产过程中堆积前和堆积后酵母的数量及种类的动态变化，可以在发酵过程中合理调控微生物，最大限度地发挥各类酵母菌的优势[2]，研究酱香型白酒堆积发酵过程中酵母菌的构成及变化，可以了解酵母菌对优质酱香型白酒形成的贡献，促进优质酱香型白酒的形成。试验以异地茅台珍酒厂的 3 个典型车间：新、老车间及异地茅台旧址车间的堆积前、堆积后酒醅为研究对象，对酱香型白酒整个生产堆积过程中的酵母变化趋势进行研究，为易地高品质酱香型白酒生产提供理论依据。

1 材料与方法

1.1 材料

1.1.1 酒醅

不同车间堆积酒醅，从贵州珍酒酿酒有限公司相关车间采样。

1.1.2 培养基

1.1.2.1 计数、分离培养基

PDA 琼脂培养基、孟加拉红琼脂培养基[6]。

1.1.2.2 归类培养基

WL 营养琼脂培养基[3-4]。

1.2 试验方法

1.2.1 酒醅中酵母计数、分离

将每个轮次晾堂堆积前酒醅和堆积完成后酒醅分别粉碎，取 25g 粉碎样品于三角瓶中，加入 225mL 无菌生理盐水和玻璃珠，放入摇床中振荡 30min，充分混匀。无菌条件下用吸管吸取 1mL 菌悬液于装有 9mL 生理盐水的试管中，进行系列稀释，取 10^{-2}、10^{-3}、10^{-4}、10^{-5} 和 10^{-6} 梯度进行平板涂布于孟加拉红琼脂培养基上。28℃倒置培养 3~5d 后计数，并挑取平板中不同的酵母单菌落，于 10mL 生理盐水中制成菌悬液，再度稀释涂布到 PDA 固体培养基上，重复 3~4 次，直至获得纯种菌种，分别斜面画线低温保藏。

1.2.2 酵母的初步归类

将分离纯化的酵母重新接种到 WL 培养基上，28℃培养 5~7d 后观察记录菌落的颜色、反应特征及细胞显微形态，依次完成相同类型菌株的初步归类。

2 结果与分析

2.1 堆积过程酵母菌数量变化情况

通过分析在不同轮次堆积过程中酵母菌的变化规律，掌握堆积过程中酵

母数量变化规律，可以为提高酱香型白酒品质提供理论数据。按 1.2.1 的方法，在一年的酿造周期中，选取老车间 2 班、异地茅台旧址车间 9 班及新车间 23 班共 6 个窖池的堆积前、堆积后酒醅中酵母数量变化，结果如表 4-8、表 4-9、表 4-10，图 4-22、图 4-23、图 4-24 所示。

表 4-8　2 班堆积发酵过程中酵母数量变化趋势（单位：CFM/g）

	下沙堆前	下沙堆后	糙沙酒堆前	糙沙酒堆后	2次酒堆前	2次酒堆后	3次酒堆前	3次酒堆后
2 班 1 窖	2.30E+04	7.50E+07	3.00E+05	1.70E+06	2.40E+04	1.40E+06	6.00E+03	1.11E+07
2 班 7 窖	2.30E+04	1.95E+07	1.00E+05	5.85E+07	5.54E+04	3.60E+06	—	3.00E+06
	4次酒堆前	4次酒堆后	5次酒堆前	5次酒堆后	6次酒堆前	6次酒堆后	7次酒堆前	7次酒堆后
2 班 1 窖	1.62E+06	1.20E+08	5.50E+05	6.70E+06	5.90E+05	3.80E+07	3.50E+04	1.86E+07
2 班 7 窖	8.10E+05	9.80E+07	2.00E+05	9.70E+05	1.40E+05	4.50E+05	—	1.75E+05

注：$nE+m = n \times 10m$。

表 4-9　9 班堆积发酵过程中酵母数量变化趋势（单位：CFM/g）

	下沙堆前	下沙堆后	糙沙酒堆前	糙沙酒堆后	2次酒堆前	2次酒堆后	3次酒堆前	3次酒堆后
9 班 1 窖	5.10E+05	3.00E+06	1.85E+04	3.50E+07	7.50E+05	9.00E+06	4.90E+04	9.50E+06
9 班 11 窖	5.45E+06	3.85E+07	1.75E+04	1.59E+07	1.68E+04	2.73E+07	—	2.60E+06
	4次酒堆前	4次酒堆后	5次酒堆前	5次酒堆后	6次酒堆前	6次酒堆后	7次酒堆前	7次酒堆后
9 班 1 窖	3.15E+06	2.00E+07	2.80E+05	3.31E+07	5.57E+05	6.21E+07	1.10E+05	9.75E+06
9 班 11 窖	1.86E+06	5.30E+07	1.60E+06	1.90E+07	1.55E+06	2.00E+06	—	2.00E+05

注：$nE+m = n \times 10m$。

表 4-10　23 班堆积发酵过程中酵母数量变化趋势（单位：CFM/g）

	下沙堆前	下沙堆后	糙沙酒堆前	糙沙酒堆后	2次酒堆前	2次酒堆后	3次酒堆前	3次酒堆后
23 班 1 窖	2.20E+04	1.00E+06	3.00E+04	5.50E+07	1.90E+05	1.50E+06	8.75E+03	4.60E+06
23 班 7 窖	9.50E+04	1.05E+07	4.80E+04	9.50E+07	7.50E+04	9.00E+06	—	—
	4次酒堆前	4次酒堆后	5次酒堆前	5次酒堆后	6次酒堆前	6次酒堆后	7次酒堆前	7次酒堆后
23 班 1 窖	7.60E+05	1.28E+07	3.73E+05	4.80E+07	2.60E+05	6.91E+06	1.54E+07	2.15E+07
23 班 7 窖	8.70E+05	2.50E+07	1.92E+06	5.50E+07	8.50E+05	1.10E+06	—	3.50E+05

注：$nE+m = n \times 10m$。

如表 4–8 及图 4–22 所示，2 班 1 号窖及 7 号窖堆积后酵母数量都比堆积前明显提高，2 班 1 号窖在下沙、3 次酒、4 次酒、7 次酒操作中最为明显，前后最少相差 2 个数量级，最高在 3 次酒达 4 个数量级；2 班 7 号窖和 1 号窖类似，在下沙、糙沙、4 次酒操作中最为明显，最少相差 2 个数量级。由此可见堆积过程是酒醅中酵母快速繁殖的时期，为接下来的入窖发酵产酒提供微生物酵母保障。

如表 4–9 及图 4–23 所示，9 班的 1 号窖和 11 号窖酵母菌在堆积过程后呈现出明显的峰形变化，即同轮次堆积后总比堆积前高，9 班 1 号窖以糙沙、3 次酒、5 次酒、6 次酒变化最为明显，其中糙沙操作前后相差达 3 个数量级；9 班 11 号窖以糙沙、2 次酒变化最为明显，前后相差达 3 个数量级。

如表 4–10 及图 4–24 所示，23 班 1 号窖和 7 号窖也呈现出与 2 班、9 班相同的变化规律，即同轮次操作中，堆积后数量总比堆积前高，23 班 1 窖以下沙、糙沙、3 次酒、5 次酒最为明显，其中糙沙相差最大，达 3 个数量级；23 班 7 窖以下沙、糙沙、2 次酒、5 次酒变化最为明显，其中糙沙前后相差最大，达 3 个数量级。

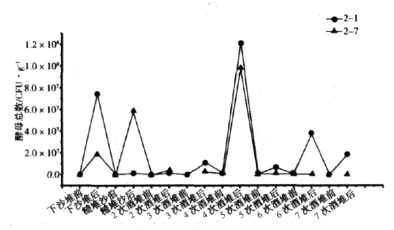

图 4-22　2 班堆积发酵过程中酵母数量变化趋势

从各班堆积前后酵母数量来看，堆积发酵过程中糙沙及堆积后酵母数量都偏高。结合工艺，堆积过程主要是酵母快速繁殖的过程，同时还是网罗空气中酵母的过程。在堆积的工艺过程中，酵母数量可快速增长 2~3 个数量级，为入窖发酵的酒醅发酵产酒提供微生物酵母数量保障。3 个典型的车间之间在堆积过程中酵母数量变化总体变化趋势相同，即堆积后酵母数量比堆积前明显增加，但在各轮次之间酵母数量是呈现此消彼长的趋势，并无规律可循。如下沙、3 次酒、4 次酒堆积过程都是 2 班堆积后酵母数量为最高值；2 次酒、6 次酒堆积过程是 9 班堆积后酵母数量为最高值；糙沙、5 次酒、7 次酒堆积过程都是 23 班堆积后酵母数量达到最高值，这可能与各轮次添加曲药量有关。同时我们发现，尽管在堆积过程中网罗了一些酵母菌，但堆积过程形成的大量的酵母菌数量的繁殖增长还是有赖于酱香型大曲中的酵母繁殖提供。

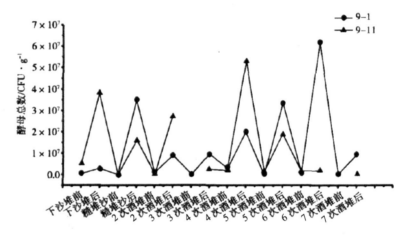

图 4-23　9 班堆积发酵过程中酵母数量变化趋势

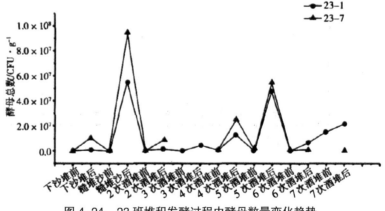

图 4-24　23 班堆积发酵过程中酵母数量变化趋势

2.2 堆积过程中酵母分类情况

将从堆积酒醅中筛选得到具有代表性的酵母菌株，据 1.2.2 的方法分别于

WL 培养基上培养归类，结果如表 4-11 及表 4-12 所示。

通过 WL 培养基上的菌落的颜色、反应特征及细胞显微形态，将堆积过程酵母归为五大类：酿酒酵母属、假丝酵母属、红酵母属、毕赤氏酵母属及伊萨酵母属。广泛存在于 3 个班堆积前酒醅中的酵母是假丝酵母、伊萨酵母，但 2 班、9 班还能检测到毕赤氏酵母，23 班能检测到少量酿酒酵母；堆积完成后，2 班和 23 班都能检测到上述的五大属，但 9 班未检测到红酵母属。通过比较，也能够发现不同种类的酵母特别是酿酒酵母广泛存在于各班环境中，在堆积过程中能对酒醅进行 2 次接种。

表 4-11　堆积过程酵母归类结果

颜色	菌落特点	显微形态	归类结果（属）
奶油色，中心偏绿	球形突起，表面光滑，不透明、奶油状态	芽殖，椭圆形，部分有假菌丝	酿酒酵母
中央奶油、边缘绿	扁平、光滑、不透明	芽殖，部分有假菌丝	假丝酵母
白色带淡绿	表面褶皱、粗糙，扁平，中央火山状	芽殖，有假菌丝	毕赤氏酵母
红色	球形突起，表面光滑、黏稠，黄油状	芽殖，椭圆	红酵母
奶油色	乳头状突起，边缘放射状，表面干燥	芽殖，部分有假菌丝	伊萨酵母

表 4-12　各班堆积前后酵母种类

项目	2 班	9 班	23 班
堆积前	假丝酵母、毕赤氏酵母、伊萨酵母	假丝酵母、毕赤氏酵母、伊萨酵母	酿酒酵母、假丝酵母、伊萨酵母
堆积后	毕赤氏酵母、假丝酵母、伊萨酵母、酿酒酵母、红酵母	毕赤氏酵母、假丝酵母、伊萨酵母、酿酒酵母	毕赤氏酵母、假丝酵母、伊萨酵母、酿酒酵母、红酵母

3 结论

从各班来看，堆积过程主要是酵母快速繁殖的过程。数量上，在堆积的 40 多个小时中，酵母数量可快速增长 2~3 个数量级，种类上，除了 9 班未检测到红酵母属，其他各班酵母种类差异不大，共归为五大类：酿酒酵母属、假丝酵母属、红酵母属、毕赤氏酵母属及伊萨酵母属。堆积过程是各类酵母特别是酿酒酵母接种到酒醅上的一个重要时期。酵母数量上和种类上的快速增长为

217

入窖发酵的酒醅提供产酒品质的保障。

试验后续将结合企业酒醅理化指标，及各轮次酒产量进一步分析酵母微生态与白酒质量、产量的关系，为制定发酵标准化生产管理工艺和质量控制标准，建立企业优质酱香型白酒指标体系新标准做出贡献。

参考文献

[1] 郭志刚，刘天明，赵长增，等. 甘肃天然优良酵母菌株的发酵特性评价 [J]. 中国酿造，2008 (11)：19-22.

[2] 张红梅，郭俊艳，于莲波. 葡萄酒的生产及对微生物的控制 [J]. 食品工业，2003 (4)：27-28.

[3] 白逢彦，梁慧燕，贾建华. 假丝酵母属疑难菌株大亚基 rDNA D1/D2 区域序列分析及分类学意义 [J]. 菌物系统，2002，21 (1)：27-32.

[4] Green S.R., Gray P.P., A Differential Procedure Applicable to Bacteriological Investigation in Brewing [J]. *Wallerstein Iab Commum*，1950 (13)：357-366.

[5] 王会会，刘天明，王可，等. 烟台干红葡萄酒发展过程中酵母种类鉴定 [J]. 中国酿造，2011 (1)：33-36.

[6] 陈天寿. 微生物培养基的制造与应用 [M]. 北京：中国农业出版社，1995：494.

（本文发表于《食品工业》2014 年第 35 卷第 12 期）

酱香大曲中产酱香细菌的分离与鉴定

张小龙[1, 3]，陆安谋[2]，王晓丹[1, 4]，梁芳[2]，龙茜萍[1, 3]，庞博[1, 4]，邱树毅[1, 4]

【1. 贵州省发酵工程与生物制药重点实验室，贵州贵阳 550025；2. 贵州珍酒酿酒有限责任公司，贵州遵义 563003；3. 贵州大学生命科学学院，贵州贵阳 550025；4. 贵州大学化学与化工学院，贵州贵阳 550025】

摘　要：从贵州某酒厂的高温大曲中分离出 2 株产酱香细菌，对其进行个体形态特征、生理生化实验及分子生物学鉴定等，将 2 株菌鉴定为解淀粉芽孢杆菌（*Bacillus amyloliquefaciens*）（16 号菌株和 22 号菌株）。通过 GC-MS 分析，发现该 2 株菌的发酵产物中含有四甲基吡嗪、庚醇、苯甲醛、2- 戊基呋喃等多种香味物质成分，其中吡嗪类物质含量最高，这些风味物质与酱香风味的形成息息相关。

关键词：酱香；细菌；分离；鉴定

白酒酿造过程是多种微生物共同参与的过程。酱香型白酒是中国主要香型白酒之一，其独特的酿造工艺形成了大曲和酒醅中特殊的微生物区系[1]。一些研究表明酱香风味的形成与细菌关系密切。近年来，从各地优质白酒酒曲、酒醅中分离出白酒生产功能微生物[2-3]，并探讨其应用的可能。本实验以贵州某酒厂酱香大曲为菌株筛选源，利用细菌培养基通过稀释涂布及画线涂布筛选得到 24 株菌落形态不同的菌株，从这 24 株菌中，通过感官评定筛选出 2 株产酱香味较浓的细菌，对其进行形态观察、生理生化实验及分子生物学鉴定，现将结果报告如下。

1 材料与方法

1.1 材料

大曲：贵州某企业提供。

分离培养基：采用牛肉膏蛋白胨琼脂培养基。

第二部分　酱香酒的酿造和科研

蛋白胨液体培养基：采用牛肉膏蛋白胨培养基。

筛选培养基：高粱麦粒培养基。高粱与小麦质量比为1∶1混合粉碎，搅拌均匀，润湿1 d，蒸煮30 min，装瓶，灭菌。

1.2　实验方法

1.2.1　产酱香细菌的分离与筛选

初筛：将从贵州某企业挑选的大曲粉碎成粉末状，分别取20 g粉碎样品，加入180 mL无菌生理盐水和些许玻璃珠，在32 ℃下摇床振荡30 min，充分混匀。在无菌条件下，取1 mL菌悬液于装有9 mL生理盐水的试管中，进行系列稀释，取10-4、10-5、10-6和10-7梯度进行平板涂布于牛肉膏蛋白胨琼脂培养基上，35 ℃倒置培养1 d，挑选形态不同的菌落画线培养。

复筛：将初筛分离的不同菌株接种于蛋白胨液体培养基，35 ℃振荡培养1 d，取10 mL接种于盛有200 g高粱麦粒培养基的三角瓶中，按照35 ℃、40 ℃、45 ℃、50 ℃、55 ℃的梯度升温24 h，静置培养5 d，进行感官评定，从中筛选出产酱香的细菌。

1.2.2　产酱香细菌的形态特征

菌落形态观察：将分离纯化后的菌株接种在蛋白胨培养基上，35 ℃倒置培养1 d，观察菌落形态。

菌体形态观察：将分离纯化后的细菌进行简单染色和制片，通过光学显微镜进行观察，对细菌的形状、大小、芽孢和包囊等状况进行记录。

1.2.3　产酱香细菌的生理生化实验

生理生化实验鉴定按《伯杰细菌鉴定手册》（第8版）[4]及《一般细菌常用鉴定方法》[5]，分别对目标菌株进行糖酵解、V-P、甲基红、柠檬酸盐等实验。

1.2.4　产酱香细菌的分子生物学鉴定

DNA提取：取300 μL发酵液置于1.5 mL离心管中，并加入1 mL洗涤液，以8000 r/min离心3 min，弃上清液；加裂解液50 μL，振荡悬浮，微波炉中

"中火"处理 60 s；加入 400 μL 65℃ 预热的抽提液，振荡 5 s；加入等体积的氯仿抽提 1 次，10000 r/min 离心 5 min；取上清液置于新离心管中，加入等体积氯仿抽提 1 次，以 1000 r/min 离心 5 min；取上清液置于另一离心管中加入 0.6 倍体积的异丙醇，充分混匀，0 ℃ 下维持 20 min；10000 r/min 离心 10 ~ 15 min，弃上清液；用 70 %vol 乙醇洗涤，10000 r/min 离心 1 ~ 2 min，弃上清液，倒置离心管，使乙醇挥发完全；用 50 μL TE 溶液溶解。

琼脂糖凝胶电泳：取 10 μL DNA 溶液于 0.8 % 琼脂糖凝胶 100 V 电泳 1 h 左右。在 260 nm 紫外灯下观察。

PCR 扩增：反应体系，dH2O 35.5 μL，10×buffer 5 μL，dNTP 4 μL，Prok1 2 μL，Prok2 2 μL，Taq 0.5 μL，模板 1 μL。反应条件：95 ℃，4 min（95℃，1 min；55℃，1 min；72℃，2 min），循环 30 次；72℃，8 min；16℃，10 min。[6]

测序由上海生物工程有限公司完成，采用 16s rDNA 测序方法对菌株进行分子鉴定。所得测序结果输入 NCBI 中进行 BLAST 比对，构建目标菌的系统发育树。

1.2.5 GC-MS 分析

1.2.5.1 样品处理

按 10 % 的最大接种量，向高粱麦粒培养基中分别接入 16 号和 22 号菌株，并以未接种菌株为对照组，按照 35 ℃ 静置培养 5 d。

1.2.5.2 GC-MS 分析

取样品约 1 g，置于 4 mL 固相微萃取仪采样瓶中，插入装有 2 ~50 μm/30 μm DVB/CAR/PDMS StableFlex 纤维头的手动进样器。在 85℃ 左右顶空萃取 30 min 后取出，快速移出萃取头并立即插入气相色谱仪进样口（温度 250 ℃）中，热解析 3 min 进样。

色谱柱为 ZB-5MSI 5% Phenyl-95% DiMethylpolysiloxane（30 m × 0.25 mm × 0.25 μm）弹性石英毛细管柱，柱温 45℃（保留 2 min），以 4℃ /min 升温至 220℃，保持 2 min；汽化室温度 250℃；载气为高纯 He（99.999 %）；柱前

压 7.62 psi，载气流量 1.0 mL/min；不分流进样；溶剂延迟时间为 1.5 min；离子源为 EI 源；离子源温度 230℃；四极杆温度 150℃；电子能量 70 eV；发射电流 34.6 μA；倍增器电压 1125 V；接口温度 280℃；质量范围 20~450 amu。

对总离子流图中的各峰经质谱计算机数据系统检索及核对 Nist2005 和 Wiley275 标准质谱图，确定了挥发性化学成分，用峰面积归一化法测定了各化学成分的相对质量分数。

2 结果与分析

2.1 产酱香细菌的感官评定

通过初筛，从大曲中分离出 24 种菌落形态不同的菌株，经复筛，进行感官评定，结果如表 4-15 所示。

表 4-15　产酱香细菌的感官评定

菌株编号	酯味	酸味	酱味	可接受性
1	1	1	4	5
2	1	5	5	5
3	2	6	4	6
4	1	3	5	4
5	1	3	4	4
6	1	5	4	5
7	2	2	4	6
8	1	1	3	3
9	1	1	3	5
11	1	2	5	5
13	1	3	5	6
14	1	3	4	6
15	3	2	2	6
16	2	2	7	7
17	1	2	4	5
20	1	2	2	3
21	1	1	3	6
22	2	5	7	7
24	2	1	2	6
25	1	2	3	2
27	1	1	5	5
33	2	5	5	5
36	2	5	3	6
37	2	7	5	7

注：表中气味强度按照数字 1~10 逐渐升高，可接受性数值越高表示接受性越强。

通过感官评定,筛选出16号和22号产酱香浓郁的细菌进行后续试验。

2.2 产酱香细菌菌落及菌体形态

2.2.1 菌落形态观察

两株菌株在牛肉膏蛋白胨培养基上,以35 ℃倒置培养1 d,观察菌落形态,结果如表4-16和图4-25、图4-26所示。

表4-16 菌落形态

菌株编号	形状	大小（mm）	隆起状况	光学特征	透明度	颜色	质地	边缘
16	圆形	2.13	中凹	—	—	白	干燥	波纹
22	圆形	2.42	中凹	—	—	白	干燥	波纹

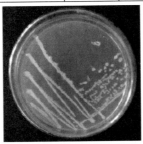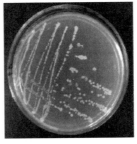

图4-25 菌株16在蛋白胨培养基生长1 d

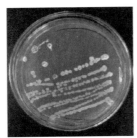

图4-26 菌株22在蛋白胨培养基生长1 d

2.2.2 菌体形态观察

将两株产香细菌接种在蛋白胨液体培养基中培养1 d,进行细菌的简单制片及染色（见图4-27）,通过光学显微镜观察,结果如表4-17所示。

通过对从大曲中分离得到的两株产酱香细菌进行显微观察,两者均为杆状细菌,有芽孢生成且芽孢为圆柱状,革兰氏染色呈阳性,周生鞭毛。通过该结果可以确定该两株细菌为革兰氏阳性芽孢杆菌。

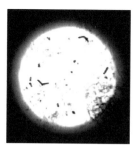
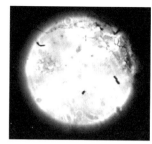

菌株 16 显微观察 1000 倍　　　菌株 22 显微观察 1000 倍

图 4-27　菌种的显微观察

表 4-17　菌株的细胞形态特征

菌株编号	宽（μm）	长（μm）	芽孢形状	芽孢在包囊位置	伴孢晶体有无	革兰氏染色	鞭毛
16	0.6	1.7	圆柱状	中生	无	阳	周生
22	0.4	1.4	圆柱状	中生	无	阳	周生

2.3　生理生化特征

参见《伯杰氏细菌鉴定手册》（第 8 版）及《一般细菌常用鉴定方法》，对两株细菌进行柠檬酸盐、V-P、吲哚、接触酶、糖发酵等实验，实验结果如表 4-18 所示。

表 4-18　菌株的生理生化特征

项目		菌株编号	
		16	22
接触酶		+	+
V-P		+	+
淀粉水解		+	+
糖发酵	葡萄糖产酸	+	+
	葡萄糖产气	−	−
	麦芽糖产酸	−	−
	麦芽糖产气	−	−
	甘露醇产酸	+	+
	甘露醇产气	−	−
NaCl(%)	2	+	+
	5	+	+
	7	+	+
柠檬酸盐利用		−	+
厌氧生长		−	−
硫化氢			
吲哚		+	−

通过生理生化实验进行鉴定，该两株细菌能够分解淀粉，利用葡萄糖和甘露醇产酸；在高盐情况下能正常生长；都是好氧细菌，接触酶反应呈阳性。通过这些生理特点及显微观察可以初步确定该两株细菌为芽孢杆菌属。22 号菌株在柠檬酸盐利用的实验中呈阳性，16 号菌株吲哚反应呈阳性，结合形态学实验可以初步确定两株细菌为不同菌株。

2.4 分子生物学鉴定

为了进一步确定两株细菌的分类地位，在形态学和生理生化的基础上又进行了分子生物学鉴定。采用 16srDNA 序列分析方法，菌株 DNA 序列扩增，扩增出核酸片断与 Mark 比较，有 1 条明亮的 PCR 特征性条带，其分子量大小与预测的理论值基本相符，PCR 产物片段大小分别为 16 号菌 1440 bp，22 号菌 1420 bp。

将测序结果与 NCBI 数据库 BLAST 比对，通过 MEGA5 建立进化树（见图 4-28），可以判断 16 号菌与 22 号菌为解淀粉芽孢杆菌（Bacillus amyloliquefaciens），通过生理生化试验可判断 2 株菌为不同种菌。

图 4-28　菌株 16 号、22 号与相关菌株的系统发育树情况

在有关研究产酱香细菌的报道中，大多是对枯草芽孢杆菌、地衣芽孢杆菌等细菌的研究，对解淀粉芽孢杆菌（Bacillus amyloliquefaciens）的研究较少，本实验分离的 2 株产酱香芽孢杆菌有深入研究的价值。

2.5 GC–MS 分析

通过 GC–MS 对 16 号菌、22 号菌和对照组的发酵产物的易挥发性物质进行分析，结果如表 4-19、表 4-20、表 4-21 所示。通过表 4-19、表 4-20、表 4-21 可见，16 号菌株发酵产物中有醇类 3 种、酯类 1 种、酸类 4 种、酮类 6 种、醛类 4 种、其他芳香及杂环类 12 种，共计 30 种化合物；22 号菌株发酵产物中有醇类 4 种、酯类 1 种、酸类 4 种、酮类 5 种、醛类 4 种、其他芳香及杂环类 12 种，共计 30 种化合物。与对照组对比，16 号菌株和 22 号菌株发酵产物明显增多，在发酵产物中芳香族化合物和杂环化合物种类较多，且含有多种香味物质成分如四甲基吡嗪、庚醇、苯甲醛、2- 戊基呋喃、壬酮、愈创木酚、三甲基吡嗪、异丁酸乙酯等。

在这些物质中又以吡嗪类物质含量最高，16 号菌株发酵产物气味物质中吡嗪类物质含量为 45.56 %，22 号菌株为 31.92 %。这些风味物质与酱香风味的形成息息相关。

关于构成酱香型白酒酱香成分的主体香源，至今尚无定论。总体可归纳为 4 种观点，分别为：高沸点酚类化合物说、以吡嗪类化合物为主说、呋喃类和呋喃类衍生物说、美拉德反应说。本实验中，对发酵产物中可挥发性物质进行分析，吡嗪类物质含量较高，且酱香浓郁，与以吡嗪类化合物为主说的论点相符。

表 4-19　16 号菌株发酵物 GC–MS 成分分析

序号	出峰时间（min）	发酵产物	分子式	百分含量（%）
1	2.96	乙醛	C_2H_4O	0.592
2	3.15	乙醇	C_2H_6O	0.123
3	3.28	丙酮	C_3H_6O	0.162
4	3.96	2，3- 丁二酮	$C_4H_6O_2$	3.391
5	4.14	乙酸	$C_2H_4O_2$	1.252
6	4.76	3- 甲基 -1- 正丁醛	$C_5H_{10}O$	0.088
7	4.94	2- 甲基 -1- 正丁醛	$C_5H_{10}O$	0.037

8	5.83	乙偶姻	$C_4H_8O_2$	16.445
9	7.76	1，3-丁二醇	$C_4H_{10}O_2$	3.105
10	8.03	2，3-丁二醇	$C_4H_{10}O_2$	4.327
11	8.73	甲基吡嗪	$C_5H_6N_2$	0.163
12	9.35	三甲基噁唑	C_6H_9NO	1.676
13	9.73	异戊酸	$C_5H_{10}O_2$	0.446
14	11.36	2，6-甲基吡嗪	$C_6H_8N_2$	0.559
15	11.61	2，3-二甲基吡嗪	$C_6H_8N_2$	0.235
16	13.05	苯甲醛	C_7H_6O	1.548
17	14.22	二甲基吡嗪	$C_7H_{10}N_2$	2.890
18	14.44	石碳酸	C_6H_6O	3.690
19	14.72	2，4-二甲基 3 庚酮	$C_9H_{18}O$	0.516
序号	出峰时间 （min）	发酵产物	分子式	百分含量 （%）
20	16.01	异丁酸乙酯	$C_6H_{12}O_2$	0.198
21	16.82	四甲基吡嗪	$C_8H_{12}N_2$	41.409
22	17.11	愈创木酚	$C_7H_8O_2$	2.074
23	18.74	2-甲基 15-壬酮	$C_{10}H_{20}O$	0.158
24	18.87	3，5 1-二甲基 2-呋喃甲基酮	$C_8H_{10}O_2$	0.326
25	18.91	2，3，5-二甲基 6-吡嗪	$C_9H_{14}N_2$	0.305
26	22.49	4-愈创木酚	$C_9H_{12}O_2$	0.349
27	23.18	茴香胺	$C_{H8}H_{14}N_2$	0.299
28	23.56	4-乙烯基 2-甲氧基苯酚	$COH_{10}O_2$	0.486
29	37.83	棕榈酸	$C_{16}H_{32}O_2$	3.264
30	41.16	油酸	$C_{18}H_{34}O_2$	8.516

表 4-20　22 号菌株发酵物 GC-MS 成分分析

序号	出峰时间 （min）	发酵产物	分子式	百分含量 （%）
1	2.96	乙醛	C_2H_4O	0.367
2	3.15	乙醇	C_2H_6O	0.088
3	3.28	丙酮	C_3H_6O	0.163
4	3.96	2，3-丁二酮	$C_4H_6O_2$	1.541
5	4.03	2-丁酮	C_4H_8O	0.230
6	4.17	醋酸	$C_2H_4O_2$	0.829
7	4.79	3-甲基 1-正丁醛	$C_5H_{10}O$	0.193
8	4.94	2-甲基 1-正丁醛	$C_5H_{10}O$	0.088
9	5.81	乙偶姻	$C_4H_8O_2$	24.889
10	7.76	1，3-丁二醇	$C_4H_{10}O_2$	5.213
11	8.03	2，3-丁二醇	$C_4H_{10}O_2$	4.480
12	8.73	甲基吡嗪	$C_5H_6N_2$	0.177

13	9.35	二甲基噁唑	C_6H_9NO	0.908
14	10.65	2-甲基5-己酮	$C_7H_{14}O$	0.157
15	11.36	2,6-甲基吡嗪	$C_3H_8N_2$	0.512
16	11.61	2,3-甲基吡嗪	$C_6H_8N_2$	0.262
17	13.05	苯甲醛	C_7H_6O	1.951
18	13.78	2-戊基呋喃	$C_8H_{14}O$	0.312
19	14.22	三甲基吡嗪	$C_7H_{10}N_2$	2.344
20	14.44	石碳酸	C_6H_6O	2.148
21	14.75	2,4-甲基3-庚醇	$C_9H_{18}O$	0.488
22	15.62	苯乙醛	C_8H_8O	0.149
序号	出峰时间（min）	发酵产物	分子式	百分含量（%）
23	16.01	异丁酸乙酯	$C_6H_{12}O_2$	0.215
24	16.82	凹甲基吡嗪	$C_8H_{12}N_2$	28.082
25	17.11	愈创木酚	$C_7H_8O_2$	2.557
26	18.78	2-甲基5-工酮	$C_{10}H_{20}O$	0.186
27	18.95	2,3,5-二甲基6-基吡嗪	$C_9H_{14}N_2$	0.539
28	21.90	2-异己基噻吩	$C_{10}H_{16}S$	0.384
29	37.83	棕榈酸	$C_{16}H_{32}O_2$	6.238
30	41.16	油酸	$C_{18}H_{34}O_2$	8.790

表4-21　对照组GC-MS成分分析

序号	山峰时间(min)	发酵产物	分子式	百分含量(%)
1	3.15	乙醇	$C_{21}H_6O$	0.141
2	3.28	丙酮	C_3H_6O	0.508
3	3.96	2,3-丁二酮	$C_4H_6O_2$	1.432
4	4.03	2-丁酮	C_4H_8O	0.503
5	5.83	乙偶姻	$C_4H_8O_2$	33.045
6	8.03	2,3-丁二醇	$C_4H_{10}O_2$	0.682
7	9.35	三甲基噁唑	C_6H_9NO	4.366
8	10.08	领二甲苯	C_8H_{10}	0.445
9	10.66	2-甲基5-己酮	$C_7H_{14}O$	0.809
10	13.77	2-戊基呋喃	$C_9H_{14}O$	0.991
11	14.22	三甲基吡嗪	$C_7H_{10}N_2$	0.421
12	16.82	四甲基吡嗪	$C_8H_{12}N_2$	5.058
13	37.83	棕榈酸	$C_{16}H_{32}O_2$	7.382
14	41.16	油酸	$C_{18}H_{34}O_2$	43.092

3　结论

目前，对酱香型白酒的研究主要集中在优良菌种的筛选，以及主体功能菌株及其与酒体特征成分关系的研究[7]。本实验通过对酱香型白酒大曲中的微生物进行分离筛选，得到两株产酱香菌株，通过形态学、生理生化实验和分子生物学鉴定，可确定 16 号菌株和 22 号菌株为解淀粉芽孢杆菌（Bacillus amyloliquefaciens），且 22 号菌株在柠檬酸盐利用的实验中呈阳性，16 号菌株吲哚反应呈阳性，因此 22 号菌和 16 号菌为不同种菌株。解淀粉芽孢杆菌普遍存在于优质酱香白酒的生产环境中，自身代谢产物丰富，在相关的文献报道中也有解淀粉芽孢杆菌对酱香型白酒构香成分的研究[8]。解淀粉芽孢杆菌发酵产物的特征性共性成分有丁醇、丁二醇、正丁醛、丁酮和吡嗪、呋喃、愈创木酚等杂环化合物。在杨涛等人的研究中把解淀粉芽孢杆菌等嗜热芽孢杆菌用于强化培制高温大曲[9]，生成的杂环化合物种类和含量增加，大曲曲香馥郁，优雅纯正。本实验分离纯化得到的 16 号菌株和 22 号菌株通过发酵可生成多种风味化合物且酱香浓郁，可进一步研究将其应用于酒曲强化、麸曲制作等方面的可行性。

参考文献：

［1］胡永松，王忠彦，邓小晨，等．对酿酒工业生态及其发展的思考（提要）［J］．酿酒科技，2000（1）：22-23.

［2］赵维娜，王兴琼，秦京，等．食品微生物资源菌株的建立及其应用研究［J］．贵州农学院丛刊，1990（1）：108-112.

［3］连宾．微生物在酱香型白酒香味物质形成中的作用［J］．中国酿造，1997（1）：8-14.

［4］R.E. 布坎南，N.E. 吉本斯，等．伯杰细菌鉴定手册［M］．北京：科学出版社，1984：729-759.

［5］中国科学院微生物研究所细菌分类组．一般细菌常用鉴定方法［M］．北京：科学出版社，1978：111-202.

［6］赵希玉，赵丹，赵晔．应用纯种微生物提高大曲酱香质量工艺试验

第二部分　酱香酒的酿造和科研

[J].酿酒，2002，29（3）：36-38.

［7］王旭亮，王德良，韩兴林.白酒微生物研究与应用现状［J］.酿酒科技，2009（6）：88-91.

［8］黄永光，杨国华，张肖克，等.产酱香风味芽孢杆菌类菌株发酵代谢产物及其酶分析研究［J］.酿酒科技，2013（1）：41-45.

［9］杨涛，梁明锋，庄名扬，等.生物技术在酱香型白酒生产中的应用研究［J］.酿酒科技，2011（4）：20-28.

（本文发表于《酿酒科技》2013年总第233期第11期）

酱香型白酒生产现状及趋势

陶菡[1, 2]，陈孟强[3]，邹江鹏[4]，周鸿翔[1, 2]，陆安谋[3]，魏燕龙[4]，胡鹏刚[1, 2]，

王晓丹[1, 2]，邱树毅[1, 2*]

【1.贵州大学发酵工程与生物制药省重点实验室，贵阳 550025；2.贵州大学酿酒与食品工程学院，贵阳 550025；3.贵州珍酒酿酒有限公司，遵义563003；4.贵州金沙窖酒酒业有限公司，毕节 551800；★通讯作者。基金项目：科技部科技支撑计划项目（2011BAC06B12），贵州珍酒酿酒有限公司产学研项目，贵州金沙窖酒酒业有限公司产学研项目。收稿日期：2013 年 10 月 9 日】

摘　要：近年来，酱香型白酒作为传统、绿色的健康酒种，呈现出快速发展的良好态势。本课题对酱香型白酒生产（市场）现状及动向进行了阐述。此外，也探讨了目前酱香型白酒面临的调整与机遇，以及在今后生产发展中应该注意的几点问题。

关键词：白酒；酱香型；生产现状；动向

　　酱香型白酒除了具有"酱香、细腻、醇厚、回味长久"的口感风味特点外，也是对身体伤害最小的白酒[1-5]，加之其纯粮酿造无添加的特性，更符合现代人绿色、环保的生活理念，因而受到越来越多消费者的青睐，呈现出快速发展的良好态势。2011 年，酱香型白酒以全国白酒近 3% 的产量创造了 13.8% 的产值和 28% 的利润。据预测，在未来 10 年内，酱香型白酒的市场份额将会继续提升并有望达到 30%。由此可见，酱香型白酒已成为中国白酒中高利润、高产值的代表性产品，且发展前景看好[6]。本课题将对酱香型白酒的生产（市场）现状及趋势做一阐述和分析。此外，也讨论了在今后的生产发展中应该注意的几点问题。

第二部分　酱香酒的酿造和科研

231

1 酱香型白酒生产分布及品牌

1.1 酱香型白酒生产企业及分布

酱香型白酒近年呈现出的良好市场需求走势，促使不少地方政府和企业加大了酱香型白酒的发展步伐。目前，酱香型白酒生产企业已分布全国各地，其中最大的产地是贵州，在这里有酱香型白酒企业 200 余家，占中国酱香型白酒生产企业的 80% 以上。贵州的酱香型白酒企业又主要集中在赤水河畔，仅仁怀市就有 150 多个优质酱香型白酒品牌。目前，仁怀市茅台镇 7.5 平方公里范围已被划分为中国酱香型白酒的核心产区，这是因为茅台镇独特的气候、土壤、水质以及微生物群形成了得天独厚的酱香型原生态酿造环境。

四川是中国酱香型白酒的第二大产地。目前，四川郎酒的酱香型白酒产能约为 3.3 万吨 / 年，而仙潭酒厂拥有 10 万吨的酱香型白酒储存量和 2 万余吨的酱香型白酒年产能。此外，其他的酱香型白酒生产企业主要位于山东、辽宁、河南等省份。

1.2 酱香型白酒核心及优质品牌

1989 年在安徽合肥举行的第五届全国评酒会上，共评出酱香型名白酒 3 种、优质白酒 8 种，详见表 4-22[7]。除了表 4-26 中列出的国家名优酱香型白酒，还有众多优秀的酱香品牌，如永福酱酒、潭酒（四川）；金沙回沙酒、国台酒、汉酱酒（贵州）；云门陈酿（山东、北派酱香型白酒）等。

表 4-22　国家名优酱香型白酒

类别	品牌	产品系列	生产厂家（现名）	备注
大曲酱香	茅台酒（飞天）	53% vol	贵州茅台酒厂（集团）有限责任公司	名白酒（金质奖）
	郎酒（郎泉牌）	53% vol、39% vol	四川郎酒集团有限责任公司	
	武陵酒（武陵牌）	53% vol、48% vol	湖南武陵酒有限公司	
	特酿龙滨酒（龙滨牌）	55% vol、50% vol1、39% vol	哈尔滨龙滨实业有限公司	
	习酒（习水牌）	52% vol	贵州茅台酒厂（集团）习酒有限责任公司	
	珍酒（珍牌）	54% vol	贵州珍酒酿酒有限公司	

	迎春酒（迎春牌）	55% vol	廊坊市迎春酒业有限公司	
麸曲酱香	凌川白酒（凌川牌）	55% vol	辽宁道光廿五集团	优质白酒（银质奖）
	老窖酒（辽海牌）	55% vol	大连市白酒厂	
	筑春酒（筑春牌）	54% vol	贵州筑春酒厂	
	黔春酒（黔春牌）	54% vol	贵州贵酒有限责任公司	

在众多酱香型白酒品牌中，贵州茅台酒是龙头和最具价值的品牌（2013年品牌价值为868.76亿元，2013年茅台酒销售收入为290.55亿元），其次是四川郎酒（2013年品牌价值309.58亿元，2012年销售收入110亿元），酱香型白酒超过60亿元（估算）。此外，2012年销售收入超过10亿元的酱香型白酒品牌有贵州习酒（销售收入超过15亿元，含浓香），贵州国台酒（销售收入14.75亿元），四川潭酒（销售收入13.8亿元）。贵州珍酒在2012年的销售收入超过4亿元。

2 酱香型白酒生产（市场）现状及动向

2.1 酱香型白酒生产（市场）现状

以前，酱香型白酒在全国白酒产量中所占比例甚微，2001年仅为0.2%[8]。近年来，酱香型白酒在茅台、郎酒等品牌的带动下呈快速上升趋势。表4-23显示了近年来酱香型白酒在全国白酒中的产量比例和销售比例，由表4-23中数据可见，酱香型白酒产量和市场份额比例总体呈上升趋势。据相关资料统计，2005年至2010年，白酒产业的复合增长率为21%。其中，酱香型复合增长率为32%，远高于浓香型的18%和清香型的17%[9]。2011年，酱香型白酒的销售规模达350亿元，首次在销售规模上超越清香型白酒，跃居中国主流白酒香型第二位，其销售收入约占中国白酒行业的13.8%，利润约占中国白酒行业的28%。2012年，中国酱香型白酒产量约40万吨，同比增长34%，工业总产值达到500亿元，利润总额达到180亿元，同比增长了51%，约占行业利润的22%。2013年，中国酱香型白酒产量约为55万吨，占白酒行业总产量的3.8%左右。工业总产值约500亿元，约占行业的10%。利润总额达到180亿元，约占行业利润的20%。

表 4-23 酱香型白酒全国市场数据表

年份	白酒总产量（万吨）	酱香型白酒产量（万吨）	产量比例（%）	销售比例（%）
2001	420.2	0.8	0.2	——
2007	493.9	4	0.8	10
2009	706.9	7	1.0	15
2010	890.8	22	2.5	13.2
2011	1025.6	30	2.9	13.8
2012	1153	40	3.5	12

"中国酒都"仁怀市在"十一五"期间，白酒累计实现产量逾47吨，其中茅台酒产量11.9万吨。表4-24为近年来仁怀市白酒产量统计数据，图4-39为贵州茅台集团2004—2013年茅台酒及系列产品基酒产量图（括号内数据为"同比增长"）。由图4-29可知，随着酱香型白酒市场的打开，无论是茅台集团还是仁怀市的其他酱香型白酒企业都加大了生产力度。与此同时，其他的酱香型白酒品牌在近两年也纷纷扩大年产量。

表 4-24 仁怀市历年白酒产量数据表

年份	产量（万千吨）		
	白酒	酱酒	茅台酒
2006	8.7	3.4	1.4
2009	11.1	6.0	2.3
2010	13.3	5.3	2.6
2011	19.8	10.0	3.0
2012	25.3	——	3.36
2013	30.0	——	3.85

2.2 酱香型白酒生产（市场）发展动向

由上述的数据可知，近几年来酱香型白酒的增长速度明显高于其他香型白酒。据预测，未来5～10年，全国酱香型白酒产量可能会突破100万吨，约占中国白酒总产量的10%，到2020年销售收入有望达到中国白酒销售总额的30%，利润额将占到行业利润点额的50%左右。因此，各地方政府和不少企业看好酱香型白酒的市场需求走势，纷纷大力推进酱香型白酒的发展步伐。

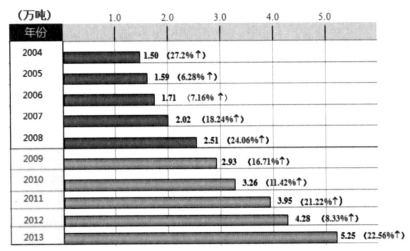

图4-29　贵州茅台集团2004—2013年茅台酒及系列产品基酒产量

贵州省提出，"十二五"末，白酒产量要达到80万吨[10]。贵州省的酱香型白酒占据贵州白酒产能约90%，据此测算，到"十二五"末，贵州酱香型白酒产能将达70万吨左右。此外，四川省提出到"十二五"末，酱香型白酒产能要达到9万～10万吨[11]。按规划统计，全国酱香型白酒产能到"十二五"末将达到90万～100万吨。

酱香型白酒企业动向（继续扩大产能）：从长远来看，其市场需求总量还会继续上升，这将刺激白酒企业继续扩大产能。如茅台集团拟投资29.15亿元建设第二期茅台酒制酒工程技改项目，项目完成后将新增年产3000吨茅台酒基酒生产能力，新增5.64万吨贮酒能力。表4-25体现了部分主流酱香型白酒企业的发展规划。此外，郎酒正在建设吴家沟1.7万吨酱香型白酒生产基地，建成后郎酒总共将拥有5万吨优质酱香型白酒产能。山东云门酒业于2013年建成了江北最大的酱香酒城，可年产酱香型白酒5000吨。

其他香型白酒企业动向（推出酱酒新品）：五粮液集团在2010年推出了"永福酱香型白酒"，目前已经形成年产2.7万吨酱香型白酒规模（约五粮液公司产能 7%）。四川沱牌舍得集团于 2010 年推出了酱香型白酒"吞之乎"和"天子呼"，预计到 2015 年舍得酒及"吞之乎""天子呼"的销售额将达到 60 亿元，占其公司销售额的 60% 以上。重庆诗仙太白酒业在茅台镇建立了酱香型白酒生产基地，于 2012 年推出酱香型白酒"将军酒"。山东古贝春集团于 2008 年推出 4 款酱香型古贝元酒，于 2013 年推出 53%vol 珍品酱香新品。

表 4-25　部分主流酱香型白酒企业发展规划

企业	发展（战略）规划
贵州茅台	"十二五"末，茅台酒基酒产量 4 万吨以上，其他系列酒产量 6 万吨以上，销售收入 500 亿元
	"十三五"末，茅台酒基酒产量 6 万吨，其他系列酒产量 10 万吨，销售收入力争 1000 亿元
四川郎酒	2013 年，红花郎产品全国投放总量控制在 3000 吨以内，实现 35 亿元销售目标
四川仙潭	2013—2015 年：实现销售 20 亿元，品牌价值 10 亿元；2016—2017 年：实现销售 50 亿元，品牌价值 30 亿元
	2018—2022 年：实现销售 80 亿元，品牌价值 100 亿元
贵州习酒	2015 年，达到酱香半成品酒 1 万吨以上规模，实现销售 40 亿～50 亿元（含浓香型白酒）
贵州国台	2015 年，年产大曲酱香型白酒 1 万吨，销售过 60 亿元
湖南武陵	2015 年，销售收入力争 10 亿元，2020 年，销售收入 30 亿～50 亿元

业外资本动向（进军酱酒市场）：目前，不少业外资本已经或正在进军酱香型白酒市场。如联想收购武陵酒业，2015 年销售收入要力争实现 10 亿元；海航集团入驻贵州怀酒，在茅台镇建 5000 吨酱香型白酒基地；"天士力"投资打造国台酒，计划 2015 年内达到万吨酱香型白酒产能；湖北宜化收购金沙窖酒厂，并扩大产能到现在的 1.9 万吨；联美控股收购贵州安酒，在习水县投资 8 亿元建设年产 5000 吨酱香型白酒生产基地；宝德集团收购金沙古酒，将陆续投资超过 26 亿元以实现年产万吨酱香型白酒；2013 年，娃哈哈集团一期投资 150 亿元入驻仁怀市白酒工业园区，11 月与茅台镇金酱酒业联合推出了酱

香型白酒"领酱国酒"。这些业外资本进入酱香型白酒领域，将促进并加速酱香型白酒市场的发展。

3 酱香型白酒面临的调整与机遇

从 2012 年到现在，由于受塑化剂事件、政府对"三公"消费的限制、中央军委及公安部的禁酒令等因素影响，中国白酒产业整体面临着新的挑战，进入调整期。酱香型白酒在生产上的调整主要有两方面：①调整产能扩张速度，将高速发展转变为平稳发展或中速发展。若产能扩张速度过快，到产能集中释放后，产能过剩的局面则难以避免。目前不少酱香型白酒企业（尤其是中小企业）已经出现了产量增速放缓甚至下降趋势。②调整产品结构，增加优质中低档白酒产品比例。如贵州茅台向其中、低端酒生产基地增资 3.73 亿元，该项目计划 2013 年内建成，投产后，将可年产的中端酱香型白酒 6800 吨，带来销售收入 15.61 亿元。

当然，调整过程中也伴随着新的发展机遇：①国家"三公"消费的限制使高端酱香型白酒需求明显下降，这为优质的中、低端酱香型白酒带来了良好的发展机遇。实际上，相比高端酱香型白酒，中、低端酱香型白酒具有更广泛的消费群体和更大的市场空间。目前，很多酱香型白酒企业已经开始拓展中、低端市场[12]。②调整期间，企业间的竞争将更加激烈。一些产能低、效益差的中小企业将在竞争中被淘汰或整合，从而使行业中品牌种类过杂、生产厂家过乱等不良现象得以改善或整顿，有利于酱香型白酒产业的长期、健康发展。③面临压力，为了提升自身的核心竞争能力，生产企业会更加注重白酒的品质，不断提升产品质量与口感，这有利于提高酱香型白酒的整体市场口碑，进一步扩大酱香型白酒的市场占有率。

4 酱香型白酒生产发展中应该注意的几点问题

4.1 保证产品质量[13]

质量是任何产品的立足之本。酱香型白酒的质量优劣，关系到酱香型白酒的整体市场口碑和市场占有率。近年来，酱香型白酒市场在快速扩大的同时

237

也出现了以次充好、产品质量良莠不齐的现象，这在很大程度上影响了酱香型白酒的美誉度甚至是市场整体竞争力的提升。因此，各酱香型白酒生产企业应规范生产，加强质量控制。只有确保了产品质量，企业自身才能得到发展，同时促进整个产业的更好、更快发展。

4.2 加强食品安全管理

目前，白酒行业的食品安全问题成为关注焦点。酱香型白酒生产中必须高度重视食品安全，确保生产出让消费者放心的产品。要做好食品安全，除了建立完整的、与时俱进的酱香型白酒食品安全相关标准和国家相关职能部门要继续加强监管外，更重要的是酱香型白酒生产企业对食品安全问题要深入认识并足够重视。企业应严格执行国家相关标准和规范，强化内部食品安全管理，例如：①设置食品安全管理机构，建立健全质量安全管理体系；②建立严格的质量监测、评价体系，对整个生产流程中各工序的原辅料、半成品、成品、直接（或可能）接触酒体材料中可能含有的有害物质进行严格检测和监控；③改善检测仪器及监测技术手段，提升质量安全检测人员的检测能力和水平；④运用物联网技术建立产品质量安全可追溯体系等。

4.3 加大科研力度

科学技术是第一生产力。酱香型白酒虽然属于传统产业，但其生产的发展与进步，仍然要依赖于科学技术的进步。虽然经过半个多世纪的科学研究与技术改良，酱香型白酒的生产，无论是在理论水平上还是在技术水平上都取得了长足的进步[14, 15]，但至今仍有很多生产上的核心理论与技术问题未解决。因此，还要继续加大科学技术研究与创新力度，实现对生产工艺和质量控制核心理论与技术的突破，并大胆探索生产的新技术、新工艺、新方法，持续提高产品质量，增强酱香型白酒的竞争力。

4.4 重视环境保护[16]

酱香型白酒的生产与自然生态环境直接相关，只有良好的生态环境才能酿造出高品质的酱香型白酒。随着城镇工业化发展的加快，加之近年来酱香型白酒行业自身的高速扩张和部分白酒企业（特别是小微型企业）违规排污等原因，导致了一些酱酒产区的环境被污染或破坏。如果环境继续污染或破坏下去，将对酱香型白酒的生产带来致命危机。因此，企业在生产过程中必须重视生态环境保护问题，严格执行国家有关环保的法规，严格控制主要污染源（达标排放），开展低碳、清洁、环保生产，这样才能实现酱香型白酒生产的良性、健康和可持续的发展。

5 结束语

茅台集团原董事长季克良说："酱香型白酒是未来中国白酒发展的方向。"2011年，我国酱香型白酒在综合销售收入上首次超越清香型白酒，跃居中国主流白酒香型的第二位。虽然当前酱香型白酒乃至整个白酒产业增速放缓不可避免，但白酒固有的消费属性赋予了其较强的生存能力。随着国内经济的继续发展及市场对酱香型白酒认可的增加，从长远发展趋势来看，酱香型白酒的市场需求总量还会继续上升，酱香型白酒生产仍将稳步增长。

参考文献

［1］季克良．茅台酒与幽门螺旋杆菌［J］．酿酒科技，2012（6）：121-122.

［2］谭家武，张权，赵雪珂，等．茅台酒对大鼠毒性作用观察［J］．海南医学，2012，23（13）：18-19.

［3］梁明锋，肖冬光，邹海晏，等．原生态酱香酒适量饮用有利健康——从贵州迎宾酒的组成分谈饮酒与健康的关系（Ⅰ）［J］．酿酒科技，2008（10）：139-140.

［4］庄名扬．贵州酱香型白酒中微量成分的生理活性［J］．酿酒，2006，33（6）：109-110.

［5］程明亮，吴君，张文胜，等．茅台酒对肝脏的作用及其影响的实验研究［J］．中华医学杂志，2003，83（3）：237-241.

［6］栗伟. 酱香型白酒的"春花秋实"［J］. 酿酒科技，2012（8）：119-120.

［7］小雨. 历届全国评酒会酱香型名优酒名单［J］. 酿酒科技，2010（9）：72.

［8］钟方达. 酱香型白酒生产现状分析及思考［J］. 酿酒科技，2009（1）：123-127.

［9］苗榕，卓越. 酱香白酒进入快速盘升期［N］. 华夏酒报，2011-11-25.

［10］陈富强. 解析贵州白酒核心区［N］. 贵州日报，2011-09-01.

［11］孙喜保. 白酒行业进入深度调整期［N］. 工人日报，2014-01-15.

［12］衣大鹏，苗榕. 白酒行业迎来"中端化"时代［N］. 中国食品安全报，2013-04-13.

［13］季克良. 中国白酒与传统酱香型白酒发展趋势分析与判断［N］. 经济信息时报，2013-06-07.

［14］姜莹，黄永光，黄平，等. 贵州传统酱香白酒产业科技创新与产业集群发展研究［J］. 酿酒科技，2011（5）：42-45.

［15］李大鹏，卢红梅，龙则河，等. 酱香型白酒研究进展［J］. 酿酒科技，2013（3）：82-85.

［16］杜锦文，戴如莲，刘映霞，等. 关于茅台酱香酒业环境保护的思考［J］. 传承，2012（11）：66-67.

（本文发表于《酿酒科技》2014年总第242期第8期）